走向平衡系列丛书

理一分殊

走向平衡的建筑历程

李宁 著

中国建筑工业出版社

图书在版编目（CIP）数据

理一分殊：走向平衡的建筑历程 / 李宁著．—北京：中国建筑工业出版社，2023.1
（走向平衡系列丛书）
ISBN 978-7-112-28325-5

Ⅰ．①理… Ⅱ．①李… Ⅲ．①建筑科学－研究 Ⅳ．①TU

中国国家版本馆CIP数据核字（2023）第 017626 号

情理合一，理一分殊。万事万物的情理都是相通的，如月印万川；但形形色色又是有差别的，须随器取量。镌刻在日常建筑设计与调研中的思辨与解答，正是一次次不断寻觅建筑平衡之道的历程。建筑必然会体现着人的活动与特定基地环境的一种生态关联，有益的活动以及因时间延续而产生的新故事，将会营造出一种吸引人的情境感受、一种持久的活力、一种能够不断传承的环境氛围。本书围绕一系列具体的建筑项目设计与聚落调研，有针对性地对平衡建筑理论与实践模式加以辨析，对平衡建筑理论如何体现在设计、施工，乃至建筑生命的全周期进行讨论。本书适用于建筑学及相关专业本科生、研究生的课程教学，也可作为住房和城乡建设领域的设计、施工、管理及相关人员的参考资料。

责任编辑：唐 旭 吴 绫
文字编辑：孙 硕 李东禧
责任校对：孙 莹

走向平衡系列丛书

理一分殊 走向平衡的建筑历程

李 宁 著

*

中国建筑工业出版社出版、发行（北京海淀三里河路9号）
各地新华书店、建筑书店经销
北京雅昌艺术印刷有限公司印刷

*

开本：850毫米×1168毫米 1/16 印张：10½ 字数：301千字
2023年1月第一版 2023年1月第一次印刷
定价：138.00元
ISBN 978-7-112-28325-5
（40259）

情理合一，理一分殊

月印万川，随器取量

自　序

图 0-1　乡关何处：纤道与乡愁[1]

1　本书所有插图除注明外，均为作者自绘、自摄；本书由浙江大学平衡建筑研究中心资助。

“纤道”似乎是一个遥远而又陌生的词了。

三四十年前，纤道在江南水乡还是随处可见的，但现在大多残存在记忆深处了。偶尔在一些保存完好的河段，还能惊喜地看到局部的古纤道（图 0-1）。

原先江南河边的纤道，犹如一条轻盈的飘带依着河；盈盈长堤路，谁家小扁舟。纤道贴水而筑，上可以行人背纤，遇到狂风急浪时又是船只御风抵浪的中流砥柱。纤道的前方，大约是一个江南小镇，那里有深巷春雨，有楼台相思。

纤道的基座大多是由条石砌成的一个个石墩，高出水面半米左右；墩与墩之间，石板一块连着一块，不时穿过一座石梁桥或曲拱桥。作为一种广义上的建筑遗存，纤道与小桥、流水、人家构成了记忆中水乡景致的重要内容。

现在因纤道少见了，一旦见到，不由得引起了“乡愁”。

乡愁似乎是一个文学领域的词，但应该古老到比文学还要久远。文学上，乡愁是人们对故乡的感情和思念，表述一种对故乡眷恋的情感状态，这是人类共同而永恒的情感。

在历代文人的诗文里，乡愁总是一条剪不断的纽带。在《和裴迪登蜀州东亭送客逢早梅相忆见寄》中，杜甫写乡愁：“幸不折来伤岁暮，若为看去乱乡愁”。李白写的“床前明月光，疑是地上霜；举头望明月，低头思故乡”，虽无乡愁两字，但其间萦绕的乡愁意蕴，悠悠千年。

乡愁动人，不为别的，而只因一缕家人般的温馨。乡愁永远藏在游子内心最深处；平日里不曾想起，但不经意之间又会拨动心弦。即便穿越千山万水、历尽沧桑变幻，也是萦绕不变。

或许，真正的故乡是没人能够回去的。尝试着回望茫茫的来时路，而循着那条路探究，看到的无非是一个愁字。

何当共剪西窗烛？何处相思明月楼？昔我往矣，杨柳依依；今我来思，雨雪霏霏。

医学上也很早就在界定“乡愁”，指的是“一个人因为他并非身处故乡而感觉到的痛苦”，或者“再也无法见到故乡的恐惧”“因为思念故乡而起的身心煎熬”。在世界各地，都有关于这种病情的表述，在很长的一个历史阶段里，医生会诊断并治疗乡愁，因乡愁致死的病例时有记录。渐渐地，乡愁不被视为一种特定的疾病了；继而把“乡愁”当作医疗范畴的用法几乎已经绝迹了，以至于人们忘了它的医学关联。

乡愁现在已确实不是一种医学上的描述，然而本质上仍然有非常真实而且是生理上的征候。这些征候可能是，但不限于：呼吸迫促、咽喉干涩、胸腹隐痛，而且会引起失落、郁闷甚至不知所措的情绪。

倘若有一个具体的故乡，即便再远，乡愁还有一种寄托。但又怕回到故乡，已非昔日模样，曾经的嬉戏场景只能在记忆中寻找，田埂稻香、桥头古树、桨声欸乃，皆已随风而逝。近乡情更怯，不敢问来人。

时间在变，空间在变，人也在变。人生本是一条无法逆转的单行道，有些事不管你如何努力，回不去就是回不去了。即便能穿越时空，你或许也会发现一切亦非记忆中的原初模样。人世间最无奈之事，不是爱、不是恨，而是熟悉的人与物、渐渐地变得陌生。唯一能回放的，只能是存于心底的记忆。

情理合一，理一分殊。

万事万物的情理都是相通的，如月印万川；但形形色色又是有差别的，须随器取量。

看见古老石板铺筑的纤道，如归乡之路。乡关何处？

回顾自己这些年的建筑项目与聚落调研，不免感慨：镌刻在这些日常建筑设计与调研中的思考与解答，正是一次次不断寻觅建筑平衡之道的历程。

壬寅年夏日于浙江大学西溪校区

目 录

第一章

养心一涧水
习静四围山

图 1-1 两件事：读书、耕田

传统聚落的总体布局、建筑组合、细部特征之间，是相互影响和紧密关联着的，并作为一个整体，体现了该聚落的同质性、原创性与生长性。

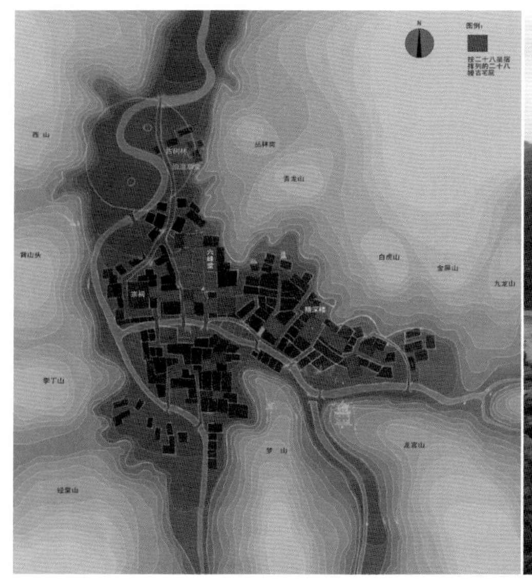

图 1-2 总平面图

图 1-3 村口太极图与曲溪

1.1 传统聚落构成分析

隐约在山水之间的传统聚落，无论产生自何时、无论保存状况怎样，都是历史的、文化的、经济的社会见证，蕴涵着特定时代的气息，记录着人类生活的脚步。聚落的演变诠释了村落设计营造者独到地结合其所处的自然环境、利用特定的空间概念去构筑人居环境的过程[1]。当我们看到传统聚落，并被它的整体景观所感动时，这种感觉决不是单纯地因为其年代的久远。

对于经历了数百年岁月沧桑、已成为风景中一部分的聚落来说，自有它作为环境的一个部件而延续下来的历史证据，浙江省中部的俞源古村就是这样的一个聚落。俞源位于浙江武义县西南部，明朝初年结合自然环境，按太极、星象之意象对聚落进行改造并成型，一直延续至今，故称“太极星象村”(图 1-1~图 1-3)。

“双溪九陇环而抱，云可耕兮月可钓”就是对俞源景观的写照，全村有民居、宗祠、店铺、庙宇、书馆等古建筑 395 幢、1072 间，占地面积 3.4 万㎡。宋谦、冯梦龙、凌蒙初等名家与俞源有着不解之缘，明翰林院士苏平仲撰写的《俞源皆山楼记》被载入《四库全书》，有关俞源的许多故事被编入《二刻拍案惊奇》和《中国情史》，起源于明末清初的大型民间文化活动“擎台阁”流传至今。正是由于这些文化积淀与古建筑遗存，2003 年俞源被列为我国第一批（共 12 个）历史文化名村之一[2]（图 1-4）。

---

1 沈济黄，李宁．建筑与基地环境的匹配与整合研究[J]．西安建筑科技大学学报（自然科学版），2008(3)：376-381.

2 李宁．养心一涧水，习静四围山——浙江俞源古村落的聚落形态分析[J]．华中建筑，2004（4）：136-141.

图 1-4 总体鸟瞰

1.1.1 秩序化

从聚落生成看，最为关键的事项就是总体布局，这是一个秩序化的过程。

传统聚落大多选择有特点的地形，通过使聚落与地形的特点保持一致，将具有特异性状的地势引入其中，充分发挥基地的潜在力。传统聚落的设计者往往精通地理，他们将自己敏锐的判断与地形取得一致，借助各自所理解的空间概念，赋予聚落某种秩序，创造出卓越的聚落景观[1]。

俞源四面环山，北面有与外界相通的弯曲峡谷，溪流穿村后呈“S”形缓缓北去。村口布置直径 320m、占地 120 亩的巨型太极图案，曲溪从南至北巧分太极二仪，太极阳鱼古树参天、阴鱼新禾盖地，阴阳鱼尾均嵌进两边山坡。

太极图与周围十一道山冈形成天体黄道十二宫的意象；村中主要的二十八幢古宅院按二十八星宿排列；村中的“七星塘”“七星井”呈北斗七星状分布，用于防火、抗旱、饮用、辟邪，并把俞氏宗祠“装”在北斗七星的斗内（图 1-5~图 1-7）。

总体布局体现了营造者“效法自然、天人合一”的理想。太极、星象是中国古代对宇宙现象的一种分析，古人用此预测事物变化，指导生产、生活，在传统村落布局中多有体现。

外人之所以能够从视觉上认知聚落空间的构成，是因为从总体到局部都可以看到一定的秩序。

图 1-5 聚落模型西北侧鸟瞰

图 1-6 聚落模型北侧鸟瞰

图 1-7 聚落模型东南侧鸟瞰

1.1.2 区域化

总体布局确定后，接着就是使聚落内部以一定的方式进行建筑组合，这涉及序列组织、区域划分等一系列过程，是一个区域化的过程。

[1] 传统聚落的布局者大多就是当时的族长、聚落中德高望重的人，或者他们请来的高人。这些高人往往不是通常的能工巧匠，而是胸中大有丘壑的才智之士。

图 1-8 宅院围合鸟瞰

图 1-9 宗祠大门

图 1-10 宗祠戏台

图 1-11 宗祠檐廊

俞源首先按星宿关系来确定核心建筑群的位置关系以及秩序状况，并以此为骨架，顺溪流将其他建筑呈离散型分布，从而划分了聚落内部的区域；同时在划分了的区域内，围绕庭院将门楼、前厅、后堂、杂房等组织成合院，根据具体条件形成不同数量的合院序列，呈“口”“日”“目”等形状（图 1-8）。

因浙江中部雨水充沛、夏季气候较热，在建筑组合中，对遮阳、通风、排水、避雨等因素考虑较多。大宅院前后几进院落和建筑之间设有夹道，兼有交通、巡逻、防火、避雨的功能。建筑东西两面多用山墙封闭。

建于明朝的俞氏宗祠有三进两院共 51 间，大门立有象征俞氏家族身份荣耀的旗杆和抱鼓石（图 1-9），第一进大门共计五开间。宗祠内建有雕花古戏台，因其面积大、雕刻精致，曾有“婺州八县第一台”之誉；宗祠梁柱粗硕、构造讲究，古时是俞氏家族祭祖及宗族社会文化活动的中心场所（图 1-10、图 1-11）。

图 1-12 六峰堂入口与照壁

图 1-13 六峰堂入口空间

图 1-14 六峰堂庭院

图 1-15 精深楼外观

图 1-16 精深楼入口空间

建于清朝的六峰堂（图 1-12~图 1-14），别称声远堂，取其屋后的书馆书声朗朗、传之久远之意，由照壁、大门、庭院、后屋、厢房和附屋组成。大门气魄宏伟，砖雕精美，门内外各摆放一对旗杆。

建于清朝的精深楼，附有书房、守望楼、藏花厅和附屋，院前还有小花园；精深楼所有地栿全用石板铺设，又称“无木落地之屋”（图 1-15、图 1-16）。

村落的寻常巷陌之间，处处蕴涵着秩序与随机两者综合而成的恬静与典雅（图 1-17）。建筑品位的高低本不在于所用材料的贵贱或本身的新旧，墙头上的青苔，会述说光阴的故事。

图 1-17 寻常巷陌

1.1.3 符号化

形态通过拥有意义而成为符号，聚落形态本身就是符号，具有象征性。聚落的内部更是充满了符号，被符号化了的部件展示了聚落的组成，并且表达了住民的意识，体现了聚落的意识世界。

俞源现存的古建筑基本由白墙、灰瓦和木本色门窗构成素雅的格调，木雕、砖雕、石雕精致美观，题材多样，将功能与艺术很好地结合起来，与建筑主体结构完美地融合成一体。

尤其在结构搭接的地方，将构件加以适当的艺术处理，从而起到画龙点睛的符号化作用。在细部处理中，充分体现营造者繁简得体、不滥施刀斧的思路（图 1-18）。

图 1-18 聚落细部

图 1-19 百鱼梁

图 1-20 花窗

六峰堂前厅屋檐三根梁上分别雕有水里游的、地上跑的、空中飞的吉祥动物，特别是“百鱼梁”（图 1-19），做工别致，木雕鱼会随气温变色，也体现了百姓生活中的家常情趣。厅后的花窗古朴雅致、保存完好，体现了住户的品位与素养（图 1-20）。

精深楼建筑雕刻题材多采用蔬菜、瓜果、昆虫类，院内卵石铺地、拼花别致，有“五斤石子十五里溪”之誉。在许多建筑的外院墙、院内隔墙或一些气窗等处，多有用漏明窗的，材料以石板、雕砖、叠瓦、硬木等为主，纹样多为几何纹、动植物纹样。

村中有许多以北斗七星为主题的装饰，与村落的秩序化、区域化相辅相成。

图 1-21 浙江兰溪诸葛村

图 1-22 山西平遥古城

图 1-23 四川阿坝州村落

图 1-24 福建田螺坑土楼群

1.2 传统聚落特征归纳

聚落的秩序化、区域化、符号化体现在聚落的总体布局、建筑组合、细部特征中，这三者之间并不是相互孤立的，而是相互影响和紧密关联着的，并作为一个整体，综合体现了该聚落的同质性、原创性与生长性。生长性孕育了同质性，同质性促成了原创性，原创性又顺应了生长性。

1.2.1 同质性

在传统社会中，个人只有居住在一个聚落中才能得以正常生存，脱离聚落就意味着隐居或者是成为流浪者。

为了形成聚落的整体感，相对地淡化聚落内部的个性就成为一种必要，从而表达出整个聚落对外的差异。淡化聚落内部的个性，是以内部各组成元素的同质性为背景才得以成立的。除了内部特殊的部件之外，必须是一样的色彩、材料和构造。正是通过保持性质的相同，才能明确内部部件的所属，聚落中的微差是在同质这个前提下的微差（图 1-21~图 1-24）。

在特定的历史环境下，交通、运输以及其他社会经济条件的制约，也是形成同质性的重要因素。

图 1-25 山西浑源悬空寺

图 1-26 浙江桐乡乌镇

图 1-27 西藏札达古格古城

图 1-28 海南陵水南湾渔村

1.2.2 原创性

传统聚落的形成并非一朝一夕之功，而是几代人长期不懈努力的结果，承载着厚重的历史底蕴和沉积，内部的同质性自然促成了聚落的原创性。

同时，在营造聚落的过程中，基于独特的自然环境，不断综合基地的地形、地势、水源以及植被等状况，结合聚落中的生活方式，必然形成原创的、适合聚落生存发展的人居环境。

这是每个传统聚落所固有的东西，没有通用的范式。原创性也体现了传统聚落自成一体的协同机制，顺应了聚落有机生长的要求（图 1-25~图 1-28）。

图1-29 福建初溪土楼群

图1-30 西藏萨迦古村

图1-31 黑龙江双峰林场

图1-32 云南香格里拉松赞林寺

1.2.3 生长性

人们已熟悉了聚落与自然环境融为一体的景观，但聚落并非自然产生的。

自然界其实蕴藏着瞬间毁灭人类的力量，人类若无自己的创意和营造，根本无法与自然共生，只有经周密的策划形成周密的体系，对给聚落造成威胁的因素能加以有效的防御，聚落才能发展延续，这必然涉及对聚落内部的制约与限制，孕育了聚落的内部同质性（图1-29~图1-32）。

该体系不是一开始就能有效地发挥作用，而是通过不断失败和调整才逐渐顺畅的，聚落正是这样逐渐生长起来的。

1.3 靡革匪因，靡故匪新

在传统的聚落中，蕴藏着曾经精致的人居环境体系。

聚落是不断发展的，其个性是在不断演变的。聚落个性建立在对环境不断再诠释的基础上，包括对自然环境与社会环境的不断适应与自我更新。

社会不断进步，由传统向现代的过渡不可避免，但重要的是过渡方式，太过激烈会造成文化断档[1]。建筑物作为一种帮助记忆的文化载体，或许能成为联系过去的一个符号，从而对不同文化背景有着支持和暗示作用。

每个地方都有各自的历史，自然就会有历史的积淀。如今人们厌倦了“千城一面”，开始重新关注自己的传统文化，以期获得情感上的归属。但生硬剪贴与拼凑会使建筑失去在原来环境中造型与构造的逻辑性，这种没有存在背景的具体形式拷贝，绝非一个真实传统的延续。

传统不仅是沿袭物，更是新行为的出发点。留住传统聚落中可以启发人们去探索适合当下的建筑形式与城市更新的方式，传达与地方传统文化的沟通，这是一个保护与发展相互冲突与融合的过程[2]。

通过发掘传统聚落营造中具有恒久生命力的因素，分析其中蕴涵的表象与机理，使之融入人们的现代生活，正是探索适宜现代人居环境发展模式的有效途径。

---

[1] 查世旭. 旧城改造与居住文化[J]. 华中建筑，2004(1)：93-95.

[2] 曹力鲲. 留住那些回忆——试论地域建筑文化的保护与更新[J]. 华中建筑，2003(6)：63-65.

第　二　章

看花开花落
望云卷云舒

图 2-1 书画院沿白云山路街景（邢东文 摄）

一个建设项目从设计到竣工的过程，恰似破茧化蝶的过程，破茧的艰辛成就了化蝶的美丽。在花开花落、云卷云舒之间，建筑脉脉无言，但能见证沧桑与积淀。

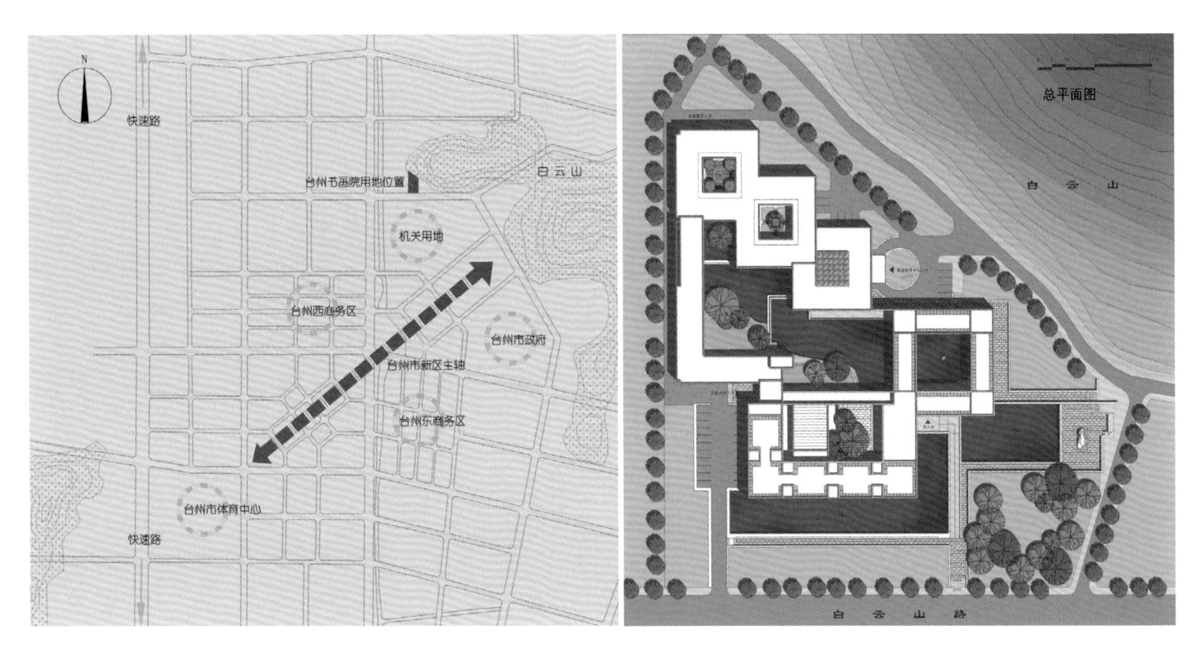

图 2-2 区位图

图 2-3 方案总平面图

建筑是对空间的界定和组织，是从统一延续的整体环境空间中切割出一部分，使人们于其中实现预期的需求。从建筑认识的发展来看，建筑设计已从只关注体量以及体量之间的相互关联转变到更多地追求室内外的空间交融、不同层面的空间穿插，这使得运动成为建筑中一个不可分离的要素[1]。尤其随着整体环境概念的不断深化，建筑师更加重视建筑空间作为自然环境空间的一部分而对其产生的互动影响。

建筑虽是一种三维空间的实体，但人们并不能一眼看到其全部，而只有在运动中——也就是在连续行进的过程中，从一个空间走到另一个空间，才能逐一地看到其各个部分，从而形成整体印象[2]。

这个整体印象往往并非某个局部空间片段，而是综合了空间与时间的整体氛围对欣赏者的感染效果，也就是设计者所努力追求和表达的建筑空间意蕴。台州书画院设计伊始，就从空间的立意、空间的载体和空间的组织三方面入手，对塑造建筑的空间意蕴进行探索（图 2-1~图 2-3）。

1 李宁，陈钢，董丹申，胡晓鸣．庭前花开花落，窗外云卷云舒——台州书画院创作回顾[J]．建筑学报，2002(9)：41-43.

2 董丹申，李宁．在秩序与诗意之间——建筑师与业主合作共创城市山水环境[J]．建筑学报，2001(8)：55-58.

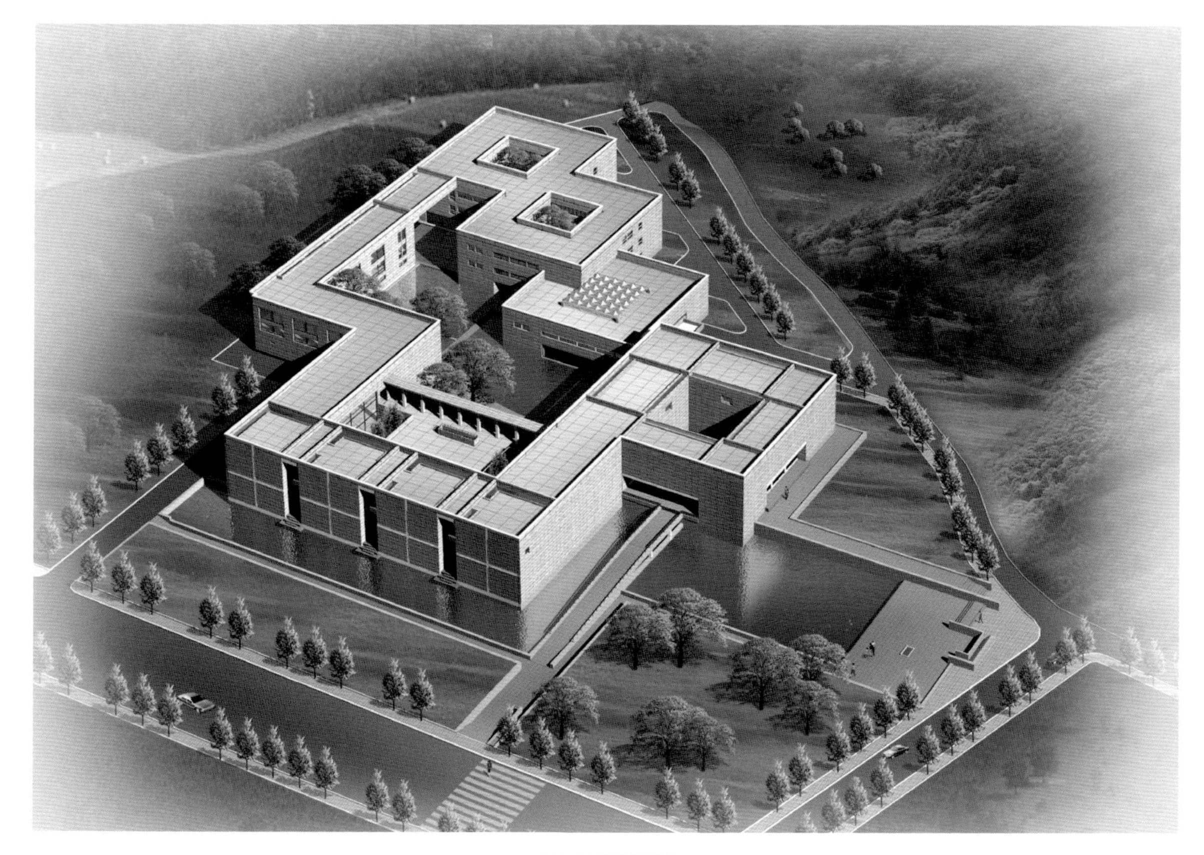

图 2-4 方案鸟瞰图

2.1 空间意蕴营造

台州书画院位于台州市椒江区，总用地面积 19540 ㎡，总建筑面积 10500 ㎡，包含陈列展览、内部办公、创作中心三部分内容。从周边环境来看，基地南临白云山路，东西两侧为其他单位用地，北侧的白云山舒缓青翠，为“椒江八景”之一的“白云远眺”，可作为建筑的背景；从地域环境来看，台州东临大海、西峙括苍、南屏雁荡、北枕天台，山海雄奇、人文荟萃，地域特征刚直硬朗，可作为建筑的精神；从城市发展来看，台州是一个新型的组合型城市，需要新的文化建筑表现时代感与文化气息，可作为建筑的社会需求。

2.1.1 空间的立意

针对书画院这一综合性文化建筑所追求的气氛，结合其各功能区的要求，在整体布局上以五个带中庭的方形实体围绕一个中心庭院来组织空间氛围，同时用曲折有致的长廊将各方形实体相连，营造“曲径通幽处，禅房花木深”的意蕴（图 2-4）。

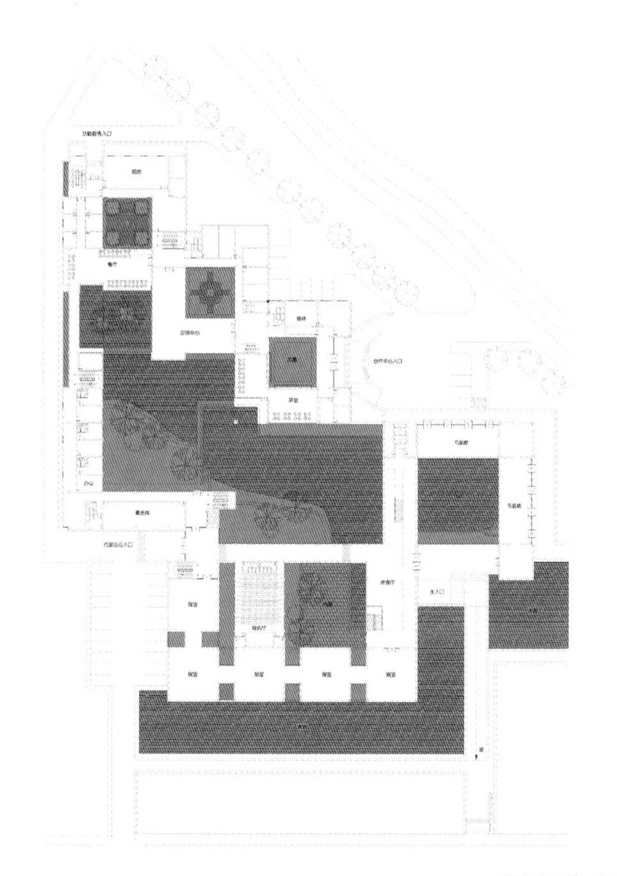

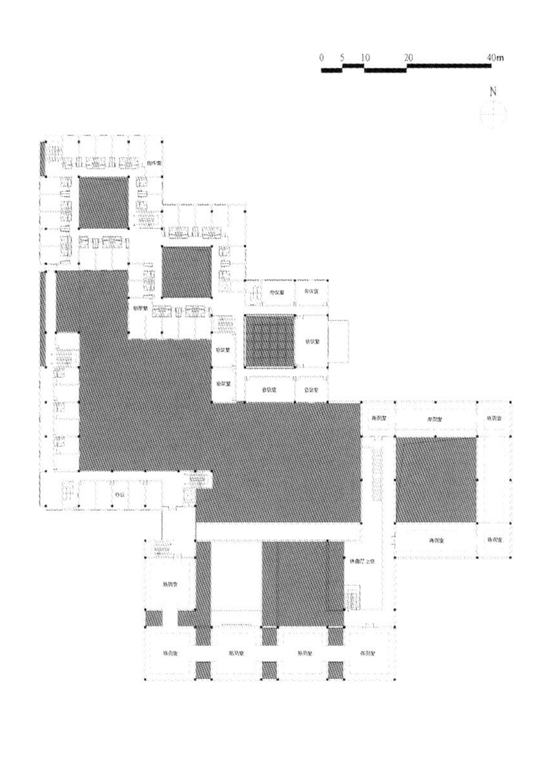

图 2-5 方案一层、二层平面图

在总体布局中，以中心庭院为界分为南北两侧：创作中心安排在北侧，远离展览与办公区，依山而筑、与水相邻、保持相对的私密性，并顺山势地形将创作中心作阶梯状折线处理，将其入口设在东侧，北面设后勤服务入口；西南侧安排行政办公区，入口作内凹处理，退出绿地与停车场；东南侧安排陈列展览区，以其内向性空间保证建筑的纯净雅致，在建筑的东南布置大面积的树林，与山体相呼应。这种布局使得各功能区有分有合、聚散相宜（图 2-5）。

在建筑内外布置了大量水面，使庭院空间获得“半潭秋水一房山”的水乡情思，层次分明且内外流通。水似乎由山脚岩石流出，在中心庭院中汇成了一个汪汪一碧的池塘，点出“小桥流水人家”的亲切，主入口处的水院小景又与室外平缓的水面息息相通，使山水相映成趣。建筑组合隐映在山水之间，以文化建筑的书卷气体现出台州自古“忠孝传家，耕读继世”的淳朴民风。

2.1.2 空间的载体

中国传统艺术中的绘画、书法、篆刻等，十分讲究意境，故注重艺术家内在的修养，以求心境的充盈、静虚、不着尘世，达到形式与精神世界的完美统一。

在对书画院建筑这一空间载体的考虑中，并不追求建筑的形式感对视觉的冲击，而是关注人们在浮躁都市中寻求平静与安宁的心理，突出建筑空间的纯粹和丰富。建筑生长在城市中，需要与周边环境和谐相处，更需要与城市的人文特征相统一。

建筑以平缓的直线、简洁的块体来表现台州地域的刚直与硬朗，采用灰白的主调色彩与青山绿水的环境融合，以其方正、内敛的气质体现建筑的端庄。

2.1.3 空间的组织

书画院作为综合的文教场所，功能要求较为复杂，因此将陈列展览、行政办公、创作中心等内容分在五个尺度适宜又相对而言较为均衡独立的建筑单元中。

各单元内部围合成风景各异的庭院空间，朝向庭院的房间与庭院尽量通透以求室内外的兼容，使得内部景观有其内向的自足性，也使不同性质的人群在各单体的内循环流线中相对集中，避免相互之间干扰过多。

同时，带中庭的方形建筑单元被重复地运用，使阳光能深入建筑内部空间，且因建筑单元内环境主题与空间布置的不同，其个性也有较大差异。于是每一次的重复中都包含变化，建筑群落在重复中有了变化与统一，增加了空间的趣味性[1]。

这五个建筑单元所围合而成的较大、较集中的中心庭院，相对于各个建筑单元内庭的内敛静谧，中心庭院可以求得更多的外向开阔感和通透感，能较好地兼顾人们在建筑内部与外部不同的景观效果。内向庭院的特性是内聚、收敛，而外向庭院则显得扩散、开敞，当这两种布局有机结合之后，空间将呈现一种耐人寻味的生动。

当项目进展得很顺利的时候，建筑师就要有所防备了。因为平衡总是相对的，而充满矛盾与变化的不平衡是绝对的。

2.2 从虚拟走向现实

现实中的诸多变化，总是难以预料，但建筑设计总是要在各种变化中寻觅机会。

书画院自 2001 年初投标获中后，方案顺利报批，随后完成了初步设计。鉴于该项目在当地影响较大，过问的领导较多，在建筑布局、屋顶形式、材料选择等方面一直反反复复。在业主的支持下，用各种比较方案反复论证，终于得到方方面面的认可。

但这时有关部门又认为这块用地更适合住宅开发，书画院不妨换个地方。更换的用地虽不远，但是一个狭长地带，建筑只能沿街一字排开，空间的围合之类就无从谈起了。

经过业主再三申请与坚持，原用地得以保留，但时间已经到了 2002 年夏季。随后又由于资金等原因，面积要缩减，从原先的 10500 ㎡减少 3000 ㎡左右。经过与业主共同推敲，认为不能简单地在原设计上截掉一块就算，而是要将设计部件打碎，按新的要求重新组织。

于是重做设计。业主充分考虑了这些反复修改工作的设计费用，或许与其他一些大项目相比，这费用并不多，但这更是一种信任与支持。书画院最终总建筑面积为 7820 ㎡，陈列展览、行政办公和创作中心等三块内容不变。

2.2.1 矛盾与破解

建筑依旧以平缓的直线、简洁的块体、灰色主调与青山绿水相融合，来表现台州地域的刚直与硬朗，展示建筑方正、内敛的气质，外刚内柔的空间组合还是着力于关注人们在都市中寻求平静与安宁的心理。

将展览厅布置在基地南面，行政办公在东部，创作中心在西侧，并用曲折有致的长廊将各部分相连。建筑群组有意识地向南封闭、向北开敞，呈“L”形挟住山势，于是山景植入院中，让庭院少了一分刻意，多了一分自然（图 2-6~图 2-8）。

---

[1] 沈济黄，陆激．美丽的等高线——浙江东阳广厦白云国际会议中心总体设计的生态道路[J]．新建筑，2003(5)：19-21.

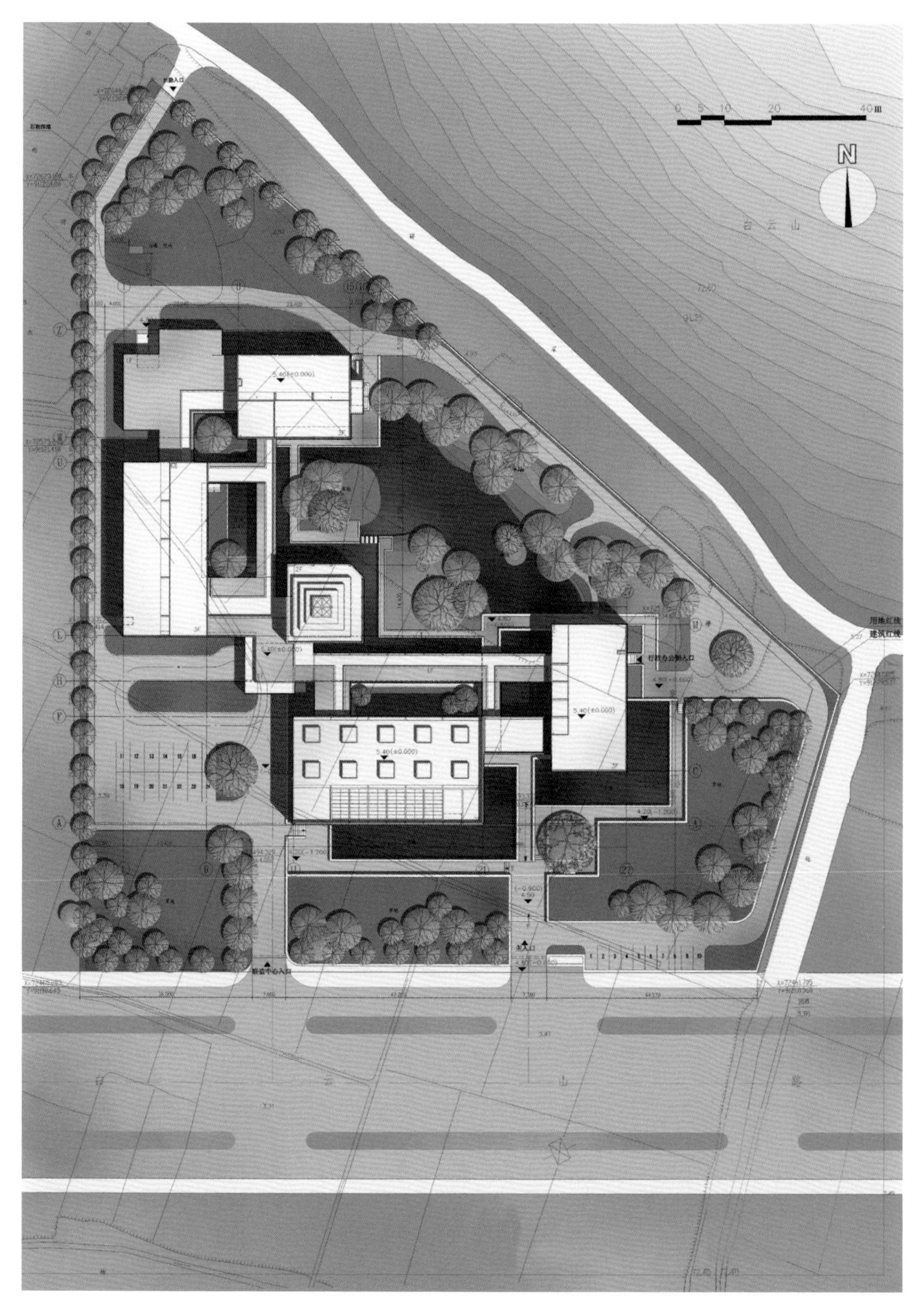

图 2-6 实施总平面图

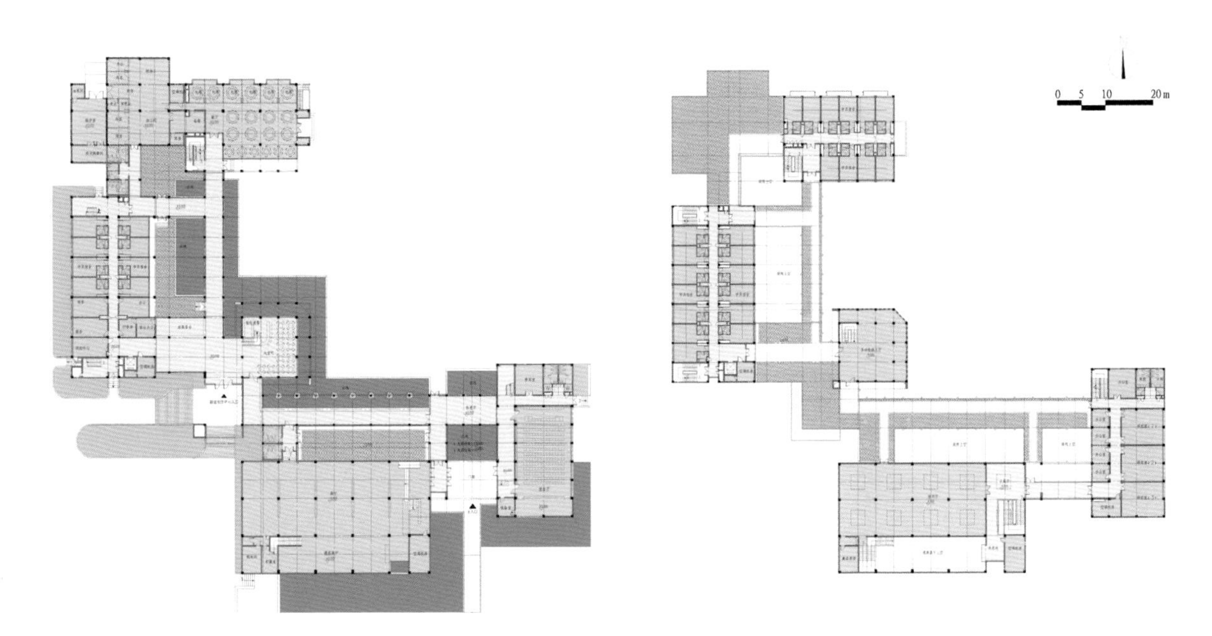

图 2-7 实施一层、二层平面图

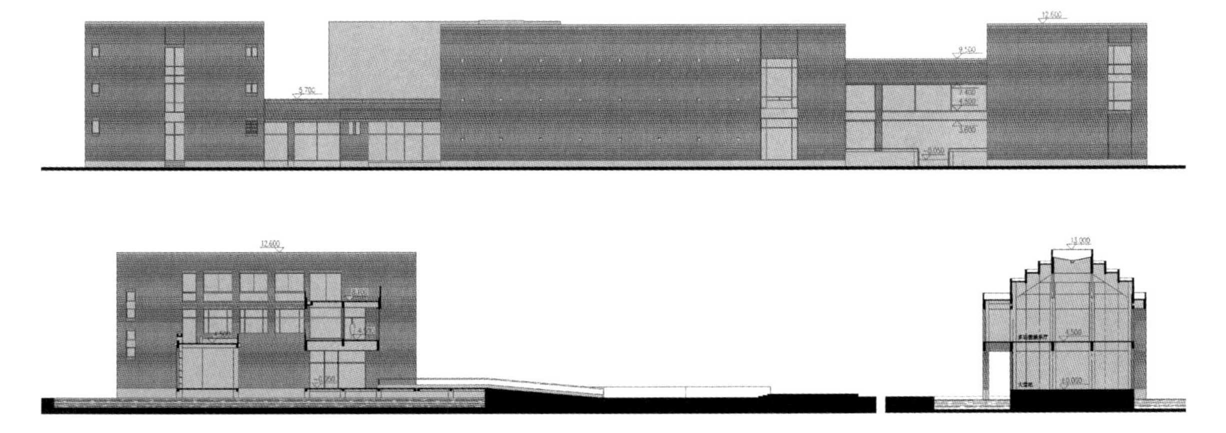

图 2-8 实施南立面图、剖面图

图2-9 主入口（邢东文 摄）

图2-10 院徽

图2-11 二层平台（邢东文 摄）

书画院的主入口是一个半开敞空间（图2-9），迎着入口的是一个水庭院。水庭院三面环墙，正对入口的墙中心点缀着石质院徽（图2-10）。二层平台与连廊是底层庭院的延伸，在这里可俯瞰建筑群落中的各个角落，“花香不在多，室雅无须大”(图2-11)。

在建筑空间的序列组织上，贯彻“旷奥相济”的思路。主入口位于凹入的东南侧，以一面石墙避开视线的干扰；入口前面一片参差错落的树林既与建筑背后的青山遥相呼应，又突显出一个方正的小空间。

清晨，入口将被光照亮，黄昏它就隐在一片阴影之中，后方的池塘反射出一片光亮，照亮入口的一角，使其有种意在言外的戏剧感。同时，入口前的平缓水面、下沉走道边的座椅、尽端的乔木与草坪、为行人提供驻足休憩的台阶，也使参观者在进入建筑内部时感受到一种平和静谧的气氛（图 2-12）。

图 2-12 建筑与山形（邢东文 摄）

下沉的引道、水上的引桥、宁静的入口，视野尽端明亮平缓、富有禅味的一面池水，转折之后又是豁然开朗的中心庭院，还有幽静淡泊的展示厅，这一系列的空间转折，目的在于逐步滤去外在城市的忙乱与喧嚣，使心灵自然过渡到平静宁和，融入书画院的内在气氛。在开敞与封闭、虚与实的对比中造成内部空间深远的意境，从而随着时日的增长，日益让人体验或感受到其内在的高洁、飘逸、神采[1]。

图 2-13 报告厅（邢东文 摄）

在廊前阶旁，水环绕又穿越着建筑，在中心庭院中汇成一个汪汪一碧的池塘，倒映着书画院、倒映着白云山、倒映着云淡风清，报告厅、休息联谊厅、多功能厅、创作室、内廊等在山环水绕中相得益彰（图 2-13~图 2-15）。

2.2.2 细节与光影

细节决定建筑的深度与成败。当建筑通过特定的细节组合被清楚地表达出来，并让人们能够凭借常识和经验作出判断时，建筑就会使人们产生特定情境中的共鸣。

建筑细节可以传递建筑设计的思想，通过感受建筑细部，人们才能从本质上感受建筑整体精华所在。

图 2-14 休息联谊厅（邢东文 摄）

1 王贵祥. 建筑的神韵与建筑风格的多元化[J]. 建筑学报，2001(9)：35-38.

图 2-15 庭院水景（邢东文 摄）

图 2-16 总体鸟瞰（邢东文 摄）

图 2-17 连廊与廊柱

图 2-18 柱墩与水池

图 2-19 二层展厅（邢东文 摄）

外立面以青砖为主，连廊中采用部分石材，总体上以自然厚重的质感较好地表现出建筑的抽象性，增强建筑的体积感和坚实感（图 2-16）。质朴的灰色会随四季和光线的变化而变化，呈现出春天烟雨的旖旎、夏天晴空的爽朗、秋天黄昏的温暖、冬天霜雪的冷峻。在廊柱伸入水面的混凝土柱墩上铺石板，水池底铺设卵石，与池水相映成趣（图 2-17、图 2-18）。细节之于建筑，正是局部之于整体的关系。

在展厅的设计中，尽量采用自然通风采光，结合庭院采用落地窗、天窗及采光井等，使参观者能够借自然光影得到在展陈空间中的方位感，使室内环境更富活力，使空间更为通透。

展厅由顶部采光，利用天窗与采光井相结合，通过格栅过滤形成柔和自然的光线（图 2-19）。展厅的多个入口和曲折的交通线路提供了顺向与逆向的多种参观路线，并进行多趣味点的布置，满足参观者在行进或驻足之时对多变空间的心理需求。

图2-20 通高展厅

图 2-21 重要文化活动场景

图 2-22 空间错落（邢东文 摄）

展厅的精彩之处在于通高展厅。天光从青灰色的玻璃天棚梁架处泄下，照亮了青砖装点的通高展厅，自然的光线、单纯的墙面，营造出静谧的氛围，时光仿佛就此停住（图 2-20）。

2.2.3 沧桑与积淀

2003 年春开工后，风霜雪雨之间，与施工、监理等各单位齐心协力，一次次平衡好施工现场所遇到的新矛盾。几年来的反复推敲，使得书画院刚落成就似乎有了一种沧桑感。建筑工程是多方面的综合成果，而我们自身的努力、创造、诚实和沟通是信任的基础。只有注重与业主及参与工程的各方在项目进行中保持良好的团队合作精神，方能使项目在运转中形成和谐的氛围，而建筑设计的创造力是要在一种相对和谐的状态中才会产生的。

从 2001 年开始设计以来，各种矛盾如茧缚身，个中酸甜苦辣也是一言难尽。但看到建筑落成后，参观者络绎不绝，一系列重大文化活动在此顺利开展（图 2-21、图 2-22），似乎又有一种破茧化蝶般的欣喜。

设计把建筑空间也作为书画院的展品，使人们不自觉地感受和领悟到某种更深远、更丰富的触动，获得美的享受。与其他艺术不同，建筑艺术不能用具体的形象再现现实，但在一定的条件下却可以通过其空间组合而引发欣赏者特定的联想。

台州书画院的设计是对塑造建筑空间意蕴的积极探索，期望建筑不仅能够为身体遮风挡雨，也是心灵的栖息之地（图 2-23）。

图2-23 内庭院、二层平台与白云山（邢东文 摄）

2.3 人性化讲理

在设计过程中，还有一个斟酌再三的问题就是如何继承我国传统建筑文化：台州书画院展出、创作的是国画、书法等传统艺术，那么建筑是不是也应该采用坡顶戗脊、檐牙翘角呢？

事实上，现在建筑材料、技术、文化都发生了巨大变化，除特殊要求外人们不再需要纯仿古建筑，更不需要貌似古建筑的东西，虽然这也曾被认为是一种继承传统的方法。同时建筑使用者也逐渐要求建筑既能唤起对传统文化的认同，又要符合现代建筑发展的潮流，这需要对传统文化进行抽象继承[1]。

在今日的建筑设计中已不再孤立地考虑形式，设计的核心是对空间的把握，台州书画院就是在这一理念的指导下所创作的流动空间。设计注重对传统文化与现代建筑语言的融会，以简洁平实的外表包容着内在舒展流畅的空间，蕴涵"宠辱不惊，看庭前花开花落；去留无意，望窗外云卷云舒"的禅机，在空间与光影上创造更多的"人、建筑、自然"之间的交流。

即将竣工时，业主准备遍邀书画名家前来创作、展览，使台州书画院虽地处江南一隅，却成为面向全国的平台；我说建筑就是书画院的一件展品，让建筑在环境中的展示与展品在建筑中的展示相辅相成。"待到重阳日，还来就菊花"，做一个工程，结识一些朋友，建筑成了大家联系的纽带。确实，建筑之所以具有文化的韵味，是因为其中蕴涵了人情[2]。

人们在书画院中创作、欣赏，演绎着新的故事，书画院也将随着时间的推移而更加耐人寻味。在花开花落、云卷云舒之间，建筑脉脉无言，但能见证沧桑与积淀。

---

[1] 赵恺，李晓峰．突破"形象"之围——对现代建筑设计中抽象继承的思考[J]．新建筑，2002(2)：65-66.

[2] 董丹申，李宁．内敛与内涵——文化建筑的空间吸引力[J]．城市建筑，2006(2)：38-41.

第　三　章

蓬莱定不远
正当一帆风

图 3-1 瑞安中学连廊：立体化的曲径通幽

在当今的社会中，中小学往往是一个区域的资源中心，其存在将提升该区域的竞争力和活力；校园开发与建设势必要对基地现存环境加以改造，这就涉及如何平衡与取舍的问题。

图 3-2 瑞安中学区位图

图 3-3 瑞安中学教学楼底层连廊

图 3-4 瑞安中学校前区广场门廊对景

图 3-5 瑞安中学交流广场

图 3-6 瑞安中学教学区场景

3.1 一方水土，一方建筑

在江南水乡营造良好的校园聚落是有其便利之处的。气候温和湿润，微微的地势起伏间有流水蜿蜒，又兼自古人文荟萃，设计可借此营造质朴而富有诗意的校园聚落空间，为将来校园中的故事提供可塑的场所。

在浙江瑞安中学新校区的设计中，努力探求结合江南水乡的特定环境营造校园聚落，使其中的师生潜移默化地受到校园环境的熏陶。瑞安中学创办于 1896 年，是浙江省创办最早的中学之一。新校区择址于瑞安市西门地段、桃枝山南坡，西面为高架高速公路，东面为花园新村住宅区，南临城市主干道瑞湖路，不远处就是飞云江。在东面住宅区、南面城市干道与基地之间有河流相隔，并且河的支流蜿蜒进入基地中部。

峰峦叠翠的山冈、曲折有致的河流，都是哺养校园聚落的源泉。新校区与基地的山水环境相融合，并加以拓展，形成新的人文环境景观，粗犷的石材、深沉的色调都体现出学校的古朴与典雅，有效地装点了瑞安市西部的城市空间（图 3-1~图 3-6）。

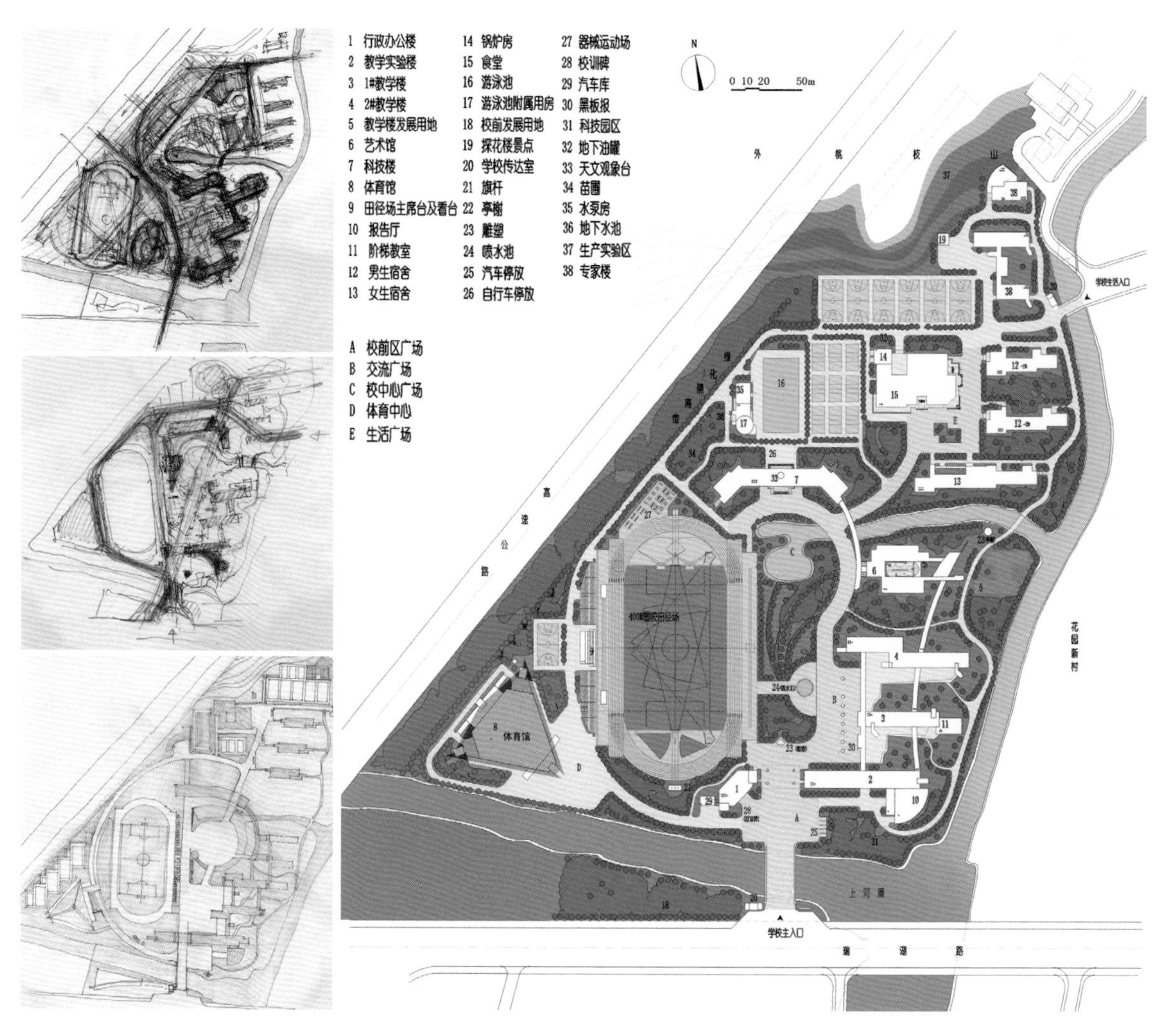

图 3-7 瑞安中学布局分析草图

图 3-8 瑞安中学总平面图

3.1.1 环境解读

从基地的要素来看，延绵于北面的山、环绕于东南的水、西侧的高速公路、南侧的城市主干道，以及中部的小河，顺理成章地得出教学区在东南、运动区在西侧、生活区在东北的三大块区域划分，以及主入口设于南面、生活入口设于东北端以便与城市衔接。但河流的走向、高速公路的走向限定了基地的南北纵深方向与正南北向存在偏斜，与城市主干道也是偏斜的。这使得许多构思似乎都是可行的，而又都不贴切（图 3-7）。

在推敲的过程中，有些思路逐步明确了，即校园中以建筑所围合的系列广场空间来引导校园聚落的生长；以通透连廊组织小体量的建筑单体形成聚落形态的疏密以及室内外空间的兼容；以不同程度地与基地中的山形、水势渗透来营造校园聚落大小庭院的级配。进一步考虑了城市人流的走向以及校园聚落与城市总体格局的对位关系，设计逐步深化并定稿（图 3-8）。

图 3-9 瑞安中学中心绿化广场

图 3-10 瑞安中学体育运动中心

图 3-11 瑞安中学生活广场

图 3-12 瑞安中学活动中心

图 3-13 瑞安中学外墙光影

3.1.2 聚落生发

瑞安中学新校区办学规模为 54 班，总用地面积 138000㎡，总建筑面积 56200㎡。校园聚落生发出三条轴线：第一条是“主入口-校前区广场-门廊-中心绿化广场-科技楼-桃枝山”，是一条明确的主轴线，对应了主入口处干道的走向并顺应了城市格局；第二条是“实验楼-教学楼-交流广场-艺术楼-宿舍”，是一条次轴线，顺应了基地与河流的走势；第三条是“校前区广场-体育运动中心-游泳池-生活广场-生活入口”，是一条曲折的虚轴，顺应了山体与高速公路的走势。

三条轴线交织在一起，串起了校前区广场、交流广场、中心绿化广场、体育运动中心、生活广场等五个校园聚落中的主要厅堂，也串起了校园的生活（图 3-9、图 3-10）。

校园以西侧环线组织车流，以中部步行区组织人流，对校园动静、人车、内外等功能属性的界线进行基本分区：体育运动区将校园与西侧高速公路分离，隔离了城市的动；校区中部的步行区和中心绿化广场把运动区分离出来，使教学区进一步远离高速公路，亦隔离校园的动。从而完成校园环境从外围到内核、由闹到静的逐层过滤（图 3-11~图 3-13）。

（上）图 3-14 瑞安中学连廊相望　（下）图 3-15 瑞安中学体育馆外观与比赛大厅

3.1.3 玉汝于成

校园聚落充分结合基地环境条件，对其中所蕴涵的环境信息进行充分解读，从而生发出源于基地的原创建筑。校园聚落的三条轴线脉络都是顺应城市格局和山势、水势而生，聚落形态则是顺应轴线脉络而生。校园中三层的连廊亦将“曲径通幽处”的意趣由水平引向立体，将江南园林中步移景异的体验加以现代引申（图 3-14）。

校园聚落中建筑的细部处理同样是重要的，有效的细部使得建筑形象丰满、精致。建筑大片深暖灰色墙面与白色连廊构架的对比，倾斜的檐口与通长的立柱的组合，通透的长廊与楼梯间敞开式处理，使厚重的群体增添了空灵神动的韵味。

体育馆是校园中很重要的节点，其主体为单层大空间的标准比赛大厅和观众厅。在高速公路、河流以及校园环路与田径场围合应力作用下，一个偏三角锥形的体育馆就顺势而生了。该形体既与校园东部的教学生活建筑群遥相呼应，对整个校园聚落加以标识，又与高架公路、田径场看台一气呵成，充满动感，生动地装点了瑞安城市西部的环境空间。

建成后，学校师生或喻之为即将远航的飞机，或喻之为展翅欲飞的雄鹰，确实，体育馆本来就试图表达一种振奋的力量、一种朝气蓬勃的气息（图 3-15）。

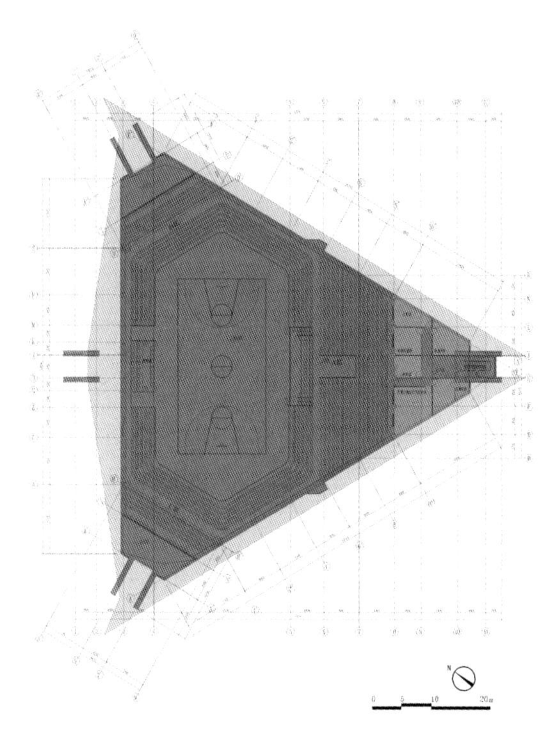

图 3-16 瑞安中学体育馆标高 9.360 处平面图

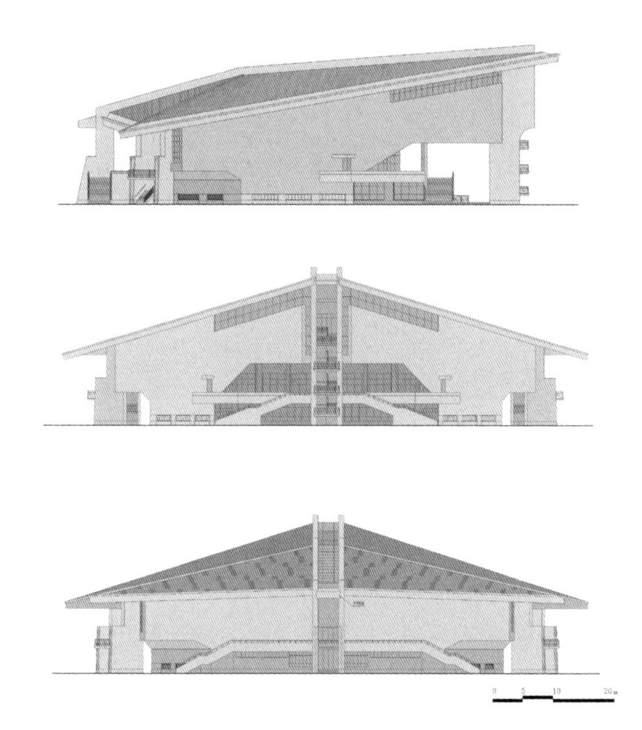

图 3-17 瑞安中学体育馆立面图

浙江南部气候温和，冬季并不冷，考虑到夏季的比赛与观众的舒适性，暖通设计立足于夏季的制冷。这不仅是节省了投资和暖通机房面积，更是体现了减少能耗的总体策略。鉴于浙江南部夏季多台风、暴雨的地理特点，以及体育馆屋面坡度较大的形体特点，屋顶采用了虹吸式排水系统，所有雨水口能形成均衡的协调体系。建筑用材尽量简化，室内充分考虑吸声降噪措施，力求朴实淡雅。室外简明的铝板与玻璃、取自当地的粗犷石材，赋予了体育馆清新优雅的体态与雕塑感，细部处理繁简有度。

从瑞安市的整体城市环境来看，体育馆是瑞安中学西面的门户，瑞安中学又是瑞安西面的门户。在设计之初，瑞安市委、市政府和校方之所以要造体育馆，而不是简单的风雨操场，既是出于提高学校硬件的考虑，更是出于城市区域形象组织、城市资源共享的安排（图 3-16~图 3-18）。体育馆面积并不大、座位数也不多，但就建筑创作而言，本不是以量取胜，而在于建筑对自然环境、对社会与人，以及对将来建筑创作的积极作用[1]。

瑞安中学校园从整体到单体、从设计到施工，几年间也是在曲折变化中终究得以实现。玉汝于成，功不唐捐，自然和社会环境应力如切如磋、如琢如磨，使校园聚落最终得以呈现的样态具备了更多 “所以然”的缘由。

1 沈济黄，李宁，劳燕青. 浙江瑞安中学体育馆[J]. 建筑学报，2005(3)：47-49.

图 3-18 瑞安中学体育馆沿高速公路外观

图 3-19 四川省青川县东河口震后场景

图 3-20 四川省青川县震后形成的堰塞湖

3.2 沉舟侧畔，生机绽放

“汶川 5·12 大地震”已经过去多年，山崩地裂、草木含悲的场景（图 3-19）依旧在向人们诉说着当时的惨烈。如今许多喧嚣渐渐散去，灾区的同胞在祖国各地、世界各地人民的帮助下，打扫着震后的废墟，开始了新的生活。物质上的重建可以有时间的控制，精神上的重建则需要心理上的平衡，如何在心底重新燃起对生活的热爱，如何能够以一种更崇敬的心情看花开花落、看云卷云舒，这些都是灾后重建中必须时时思量并加以引导的。就各地对地震灾区的援建工作而言，绝不应以为是一种“给予”，而是诚心诚意地为你的父老乡亲、为你的兄弟姐妹找回被地震损毁的家园。

四川省青川县虽离震中 200 多公里，但和汶川县、北川县一样处在龙门山断裂带的中心位置，属重灾区（图 3-20）。浙江省与青川县是对口的支援单位，在初期紧急救援后，浙江省各分指挥部有序地进驻各乡镇开展系统的恢复重建工作，青川县各乡镇的学校项目在 2008 年年底逐步开工。青川县马鹿乡中心小学于 2009 年 8 月 28 日通过竣工验收，并于 2009 年 9 月 1 日开学，圆满完成了预期的计划。

马鹿乡位于青川县南部群山围绕的一个河谷中。这里原本是山清水秀、绿树绕宅，但在地震中受灾严重，残垣断壁随处可见。在灾后重建中，校园建筑的抗震性能无疑是备受关注的，这是安全性方面的需求；土地有限，但学校的功能又要满足，校园建筑介入基地环境的适宜性必须考虑；同时，校园重建毕竟不是搭临时板房，须协调好学校的当前急需与远期发展，这是校园设计在可持续性方面的关注。这三个方面的努力，正是设计对“因形就势、科学重建”的理解。

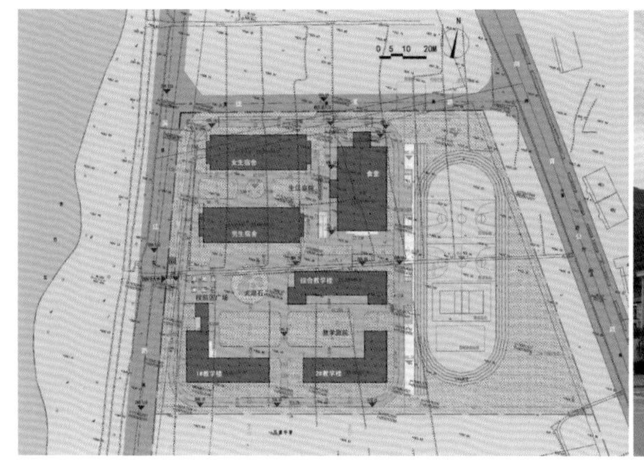

图 3-21 青川县马鹿乡中心小学总平面图

图 3-22 青川县马鹿乡中心小学主入口

3.2.1 结构与安全

马鹿乡与青川县其他许多乡镇一样，串联在剑青（剑阁至青川）公路上，这是经过马鹿乡的唯一公路。原马鹿小学位于公路东面的一座小山坡上，从震后现场看，原校园空间是多进的院落组合，包括一个入口的升旗广场、一个教学楼围合的庭院以及由宿舍、食堂等组成的生活庭院，结合入口的石阶和大树形成一个庭院深深的空间序列，具有一种传统书院般的氛围。

经抗震论证，原小学所在的山坡地震后土质松软，已不适合新建房屋，所以新校园采取异地重建的方式。根据马鹿乡灾后重建总体规划，沿青竹江筑坝修路、称滨江路，小学主出入口设在滨江路上。滨江路与剑青公路高差 10m 左右，在小学用地的北侧有陇溪路沟通滨江路与剑青公路。小学规模为 18 班，总用地面积 18484 ㎡，总建筑面积 8208 ㎡。

在滨江路设校园主入口（图 3-21、图 3-22），在北侧的陇溪路设次入口。教学区、生活区和运动区呈“品”字形布局；综合教学楼、1 号教学楼和男生宿舍共同界定了校前区；两幢教学楼和综合教学楼围合了教学庭院；综合教学楼与食堂、宿舍楼又围合出生活庭院。东侧的运动区设 200m 跑道，在充分利用环境的同时减小了公路对教学区、生活区的干扰。东南侧根据实际需求预留教工公寓发展用地，将来可以直接向东朝剑青公路设出入口。

地震中垮塌的建筑带给我们太多的伤痛，建设一座抗震能力强的校园成为设计最基本的目标。青川县不停发生的余震提醒我们要把抗震作为设计考虑的重中之重，同时也希望通过对抗震的回应来形成布局的特色。基于抗震优先的思路，在总体布局中避免建筑单体过长，也不采用通常校园设计中设置连廊的手法，这样可减少抗震缝的设置且避免建筑间的撞击破坏。

图 3-23 青川县马鹿乡中心小学与青竹江

图 3-24 青川县马鹿乡中心小学东南侧鸟瞰

建筑单体不采用单跨结构和悬挑结构，最大限度保证了结构的稳定性；不采用复杂的结构形式，减小地震受损的隐患，也有利于快速施工。建筑造型没有多余的装饰和复杂的构造做法，面层采用涂料，避免了石材和面砖在地震易脱落的问题。设计还特别考虑了发生地震情况下的紧急疏散，楼梯和庭院紧密相连使人能快速到达室外，各庭院可作为第一时间的紧急避难场所。所有建筑都控制在三层以下，减少了人员的撤离时间。我们充分认识到大自然中蕴含着能瞬间毁灭的力量，只有通过自己的创意与营造，才能追求与自然共生的愿景。

地震带来的建筑损坏程度与建筑抗震设计标准、结构形式和施工质量等密切相关。此次抗震设防标准偏低的房屋，破坏较为严重。提高地震灾区学校建筑的抗震能力，成为社会各界关注灾后重建的焦点。

不断发生的余震也提醒我们，校园重建的科学性首先就要落实在建筑抗震的合理性上。可以设想，抗震问题没解决好，其他所有的建筑形态、建筑空间设计都是虚的。从校园总体布局到建筑细部处理，都须防止地震中出现断裂、碰撞或者脱落。建筑结构体系已按照“小震不怕，中震可修，大震不倒”的原则进行设计，在建筑构造处理、面层选材等方面尤其要避免不必要的坠物伤人（图 3-23、图 3-24）。

3.2.2 节地与适宜

校园采取多个庭院组合的布局方式，既是出于充分利用基地的需要，又是出于传承原马鹿小学书院式空间氛围的考虑。基于这样的思考，不同的庭院安排不同的主题，赋予不同的功能、满足不同的需要。校前区广场是外界进入校园的过渡空间，这里种植大树、设置山石，起到类似于照壁的作用。广场上的纪念钟塔是校园的制高点，形成整个校园建筑群落的竖向核心（图 3-25）。

图 3-25 青川县马鹿乡中心小学校前区广场

图 3-26 青川县马鹿乡中心小学教学庭院

在教学庭院里，学生可以在草地上看书和休息，这里拥有宁静温馨的学习氛围。生活庭院则布置各种活动设施方便使用，气氛活泼开朗。校园庭院式的布局，可以唤起老师和同学对老校园的回忆。建筑是新的，但空间是有传承关系的，在烘托书院气氛的同时也体现了校园空间的延续性，老校园庭院深深的景象在新的校园意象中重生（图 3-26）。

围合布局能形成一种内聚的校园氛围，给师生以稳定感和归属感，这能在心理上给予同学们一定的安全感，有利于灾后情绪的恢复。庭院中进行的各种活动和亲切宜人的氛围能帮助师生逐步走出地震的阴影，重拾对明天的信心。

作为对地方文化的回应，设计采用双坡屋面的形式和当地民居取得协调，这也和当地气候较热、雨水较多有关。建筑色彩主要为大面积的土红色和浅灰色的组合，可与川北民居中的土墙相呼应。建筑暖色调的组合可以活跃校园气氛、烘托积极向上的风貌，也体现了小学建筑应有的活泼性。

因形就势、科学重建，必须在灾区用地紧张、平地少的情况下创建节约型校园。青川县处在龙门山断裂带上，山峰林立、千沟万壑，局部平整一些的用地也非常有限。从整个灾后重建的用地部署来说，大家都认同“再穷也不能穷了教育、再苦也不能苦了孩子”，学校用地优先考虑。针对这些有限的用地，建筑师的心情是沉重的；面对用地红线图，浮现出的是乡亲们一张张纯朴的面容、孩子们一双双童稚的眼睛。

根据现有的地形地貌，合理利用基地高差，组织校园交通流线，梳理校园空间层次，营造生发于特定基地环境的校园。同时注重反映青川地方文化、反映对老校园的空间传承，这是老校园历史的一种延续。每个校园都有自己的过去、现在与未来，每个学子在校园中都有自己的梦想，而他的梦想与所处的校园环境是直接关联的。

图 3-27 青川县马鹿乡中心小学田径场

图 3-28 青川县马鹿乡中心小学无障碍坡道

3.2.3 近忧与远虑

抢险救灾需要速度和激情，但灾后重建工作更需要科学、理性和精心的组织与实施。

一方面，校园建设毕竟是百年大计，不能因为青川县地处偏远，或者认为当地原来的基础条件差，而在校园设计中不考虑应该具备的功能。

另一方面，青川需要投资重建的项目有很多，而资金毕竟有限；同时在帐篷和活动板房里上课的孩子们迫切需要到新建的校舍中学习，他们所需要的不是锦上之花，而是尽可能快的雪中之炭、是尽快有能够满足教学功能的教室、宿舍等用房。

重建设计须把握好近期与远期的平衡，既满足当下需求，并能适应将来的逐步完善。目前学校竣工后马上投入初期的使用只是一个起步，要充分考虑校园发展的可持续性，逐年会有更多学生入学，这就要统筹好逐步完善的校园运行负荷以及远期发展的可能性。

由于不可抗力，老校园毁坏了，但社会各界齐心协力，新的校园已经建成（图 3-27~图 3-29）。教室中的朗朗书声，展示了青川子弟建设美好明天的决心与勇气。

大地震无情地吞噬了生命，但湮没不了这样一种精神：在气壮山河、艰苦卓绝的抗震救灾斗争中，社会各界用生命、鲜血和汗水铸就了“万众一心、众志成城，不畏艰险、百折不挠，以人为本、尊重科学”的伟大抗震救灾精神。

图 3-29 青川县马鹿乡中心小学沿剑青公路场景

3.3 人性化求变

大凡做建筑设计的人，都会谈创新、谈与环境的协调，而如何创新、如何与环境协调，则是各有千秋，或许这也是建筑多元化的一个原因。不论设计手法如何，大家已认识到建筑设计的创新须结合具体使用功能需求，在对基地社会和自然环境深入解读的基础上，从现实社会的客观条件和周围环境的制约出发，有创意地提供满足人们需求的场所和空间[1]。

在当今的社会中，中小学往往是一个区域的资源中心，其存在将提升该区域的竞争力和活力。校园是满足特定教学功能需求的空间载体，其开发与建设势必要对现存基地环境加以改造，如何打破旧平衡、如何建立新平衡，这就涉及如何平衡与取舍的问题。并不是多做些水面、多种几棵树，就是生态、绿色、可持续发展，从设计到竣工所努力的就是建立使用更合理、效能更高和更好的生态效益、更有益于人类生存和发展的新平衡。

校园聚落是不断发展的，其个性也是在不断变化的。其个性发展建立在对环境不断再诠释的基础上，包括对自然环境与社会环境的不断适应与自我更新。在城市化快速推进的进程中，还须把握城市发展的轨迹、慎重地对待基地的环境与历史，吸纳地域性人文环境所显露的启示与信息，围绕此时、此地、此人，使得校园建筑能够契合所面对的时空发展脉络。

瑞安中学的设计努力表达对江南水乡自然和人文环境的认知，营造具有江南特质的校园庭院群落。就马鹿乡中心小学的重建而言，我们知道绝不只是一个常规的工程问题，正因如此，使我们在设计与施工现场讨论中每每前后瞻顾、谨慎思量[2]。

---

1 沈济黄，李宁．环境解读与建筑生发[J]．城市建筑，2004(10)：43-45.

2 李宁，黄廷东．沉舟侧畔，生机绽放——青川县马鹿乡中心小学设计[J]．建筑学报，2010(9)：61-63.

第　四　章

沾衣杏花雨
拂面杨柳风

图 4-1 家在山水间：西湖晚霞

居住建筑是我国传统建筑文化的根基所在，“家”更是每个人心中理想化的概念；茅芦草舍可为家，高堂广厦也是家，其中包含了每个人的许多梦想与寄托。

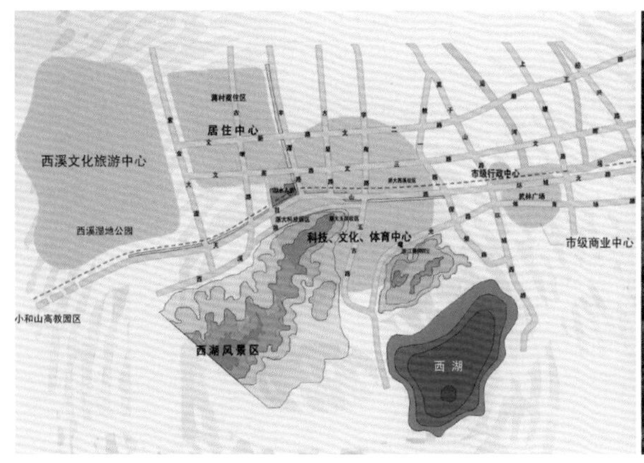

图 4-2 山水人家住宅社区区位图

图 4-3 山水人家住宅社区庭院水景

图 4-4 山水人家住宅社区主入口

图 4-5 山水人家住宅社区中心庭院

4.1 山水都市，庭院人家

杭州位于江南区域中心，而城市小区的住宅样式日趋严重的欧化风格使现代城市风貌与传统水乡情结的矛盾加剧，城市面貌日趋混杂。居住建筑是我国传统建筑文化的根基所在，“家”是每个人心中理想化的一个概念，茅芦草舍可为家，高堂广厦也是家，其中包含了每个人的许多梦想与寄托。

如今市场对居住区的空间环境提出更高的要求：居住区不只是一块被开发了的土地、一些可供住宿的房屋、一群建筑材料所组合的实体，更应是通过设计者精心创作的既保护和利用自然环境条件，又具有高度艺术和实用价值的社会物质文化载体，让居住者首先就能感受到美的触动，而后日复一日地让人们愿意在其中生发新的故事。这种环境对人的反馈作用正是人为环境的设计者所期待的（图 4-1~图 4-3）。

杭州山水人家住宅社区用地位于天目山路北，丰潭路西，炮台路东，北面为其他住宅区，莲花港河、沿山河蜿蜒于东南，总用地 174500 ㎡，总建筑面积 376286 ㎡（图 4-4、图 4-5）。

图 4-6 山水人家住宅社区总平面图

4.1.1 江南最忆是杭州

“江南忆，最忆是杭州”，白居易的词句让杭州成为江南的代表。作为杭州的房产，自然离不开江南的水乡风情。而水乡的大略意象，离不开粉墙黛瓦、小桥流水人家。对照中原、河套的平渠通陌、井田方城，水乡人家因多沿河筑居、临水成市，故往往共河道而曲折，河曲路亦曲。且顺应水势，转折圆转如意，不徐不疾。青石铺就的小街，曲曲弯弯，时有小桥跨河，时有河埠临街，望之有时似尽，转过来却又别开生面[1]。“江南雨，点点滴滴，湿了春泥”“清箬笠，绿蓑衣，斜风细雨不须归”，延绵圆转无尽，欲开还闭，正是江南人家特有的一重韵致。

作为对这一重江南韵致的回应，山水人家住宅社区总体布局可概况为“复环镶嵌，以园为心；曲水连堂，庭院相望”。

4.1.2 曲水连堂直到家

山水人家住宅社区的“复环镶嵌”，是指由围绕中心庭院的交通环路及与之结合布置的环状绿化带交融形成的复合环状结构。环状道路很好地解决了小区内部的交通问题，同时又如一条纽带将小区各功能群贯穿起来，成为小区构成的主脉（图 4-6）。

[1] 董丹申，李宁. 与自然共生的家园[J]. 华中建筑，2001(6)：5-8.

图 4-7 诗家谷组团庭院与游泳池

图 4-8 美林泉组团庭院高差变化与衔接

社区入口左侧的台地空间与中心庭院形成了虚实对比。台地四周由高层住宅及会馆构成，沿天目山路形成鲜明标志；台地因势造坡，层层草坡形成自然而有韵律的形态，其间镶嵌有网球场与篮球场等，使台地活动丰富而景观特征鲜明。

“连堂曲水”是指由台地中心区经一系列绿地广场空间向内部延伸，如传统居住空间中一系列厅堂将人们引入社区内部居住组群，成为社区大家园的公共厅堂。

“复环”结构将小区界定为清水湾、美林泉、诗家谷、彩云天、白沙岛、香溪地等六个组团，每个组团又由许多邻里庭院和组团绿地广场组成，从而形成了层层连绵的、有大小级配变化的庭院群（图 4-7、图 4-8）。

层层庭院群透过毛石墙、空廊、架空层等，关联了远山、近溪、连堂、露台、曲水，使诗意的自然景观穿入居户厅室，由此将设计宗旨“山水都市，庭院人家”落于实处。

（上）图 4-9 山水人家住宅社区沿河景观　（下）图 4-10 山水人家住宅社区空间围合与隔断

4.1.3 关乎人，其度宜亲

在设计之前，首先确定居住区空间环境的框架与格调，以景观空间作为空间设计的主体，在水平与垂直三度空间内设计景观层次，强调每一居户资源的均好性。居户或行于路上、或憩于院中、或居于室内都能感到诗情画意，使“家”的概念于景观中得以延伸。

三度空间的景观设计是社区营造的重点，集中绿地不再是一片空旷而缺乏尺度感的草坪：向上营造层层草坡、露台，低处营建片片叠水、广场，高则增之，低则减之，将交往活动穿于三度绿地空间中，地下空间同样注意与室外的互通。

社区将住宅建筑作为空间环境的构件，如同我国传统建筑中以“隔”来体现有限空间内的景观层次，将实体的住宅化解为总体空间的“隔断元素”来强化空间的层次，使贯穿于住宅间的庭院或分或合，隔而不断，加之以远山近水，草坡树林，使景观小中寓大，透过局部贯穿于住宅间的通透空间，将家家户户的空间由各自的室内延伸至周边山水之中（图 4-9、图 4-10）。

图 4-11 白云深处住宅社区基地现状

图 4-12 白云深处住宅社区总体鸟瞰图

4.2 江南意趣，诗化家园

白云深处住宅社区位于杭州市西郊、余杭上文山村。如今杭城西进，野趣日减，可喜的是本基地得天独厚，饶有古风；漫步其间但见溪流飞溅，草坡延绵。整个基地三面环山，山间多有林木（图 4-11），有感于“远上寒山石径斜，白云深处有人家”的意趣，故名之“白云深处”。

基地南面有上文山路与杭昱公路相连，同时因为有小山与公路相隔，使得基地既交通方便又免受省际公路交通干扰。社区总用地面积 327600 ㎡，总建筑面积 147000 ㎡，地势北高南低，两个湖泊位于基地中部，数条小溪顺着地势蜿蜒其间。

4.2.1 从造园到筑宅

白云深处住宅社区的设计先造园，后筑宅。先造园，即再造基地，运用江南造园手法，不采用几何化的道路结构，代之以一条曲环，依山傍水、曲折如意，自然而有章法。进而，由曲环伸展开来的组团道路，串起了基地南北的湖、潭、泉、溪等水体以及延绵基地东西的绿带。

规划通过组织中心湖面、群落绿化、庭院绿化、道路绿化以及山林绿化，营造出 “贵有层次、妙于曲折、在于深秀”的江南园林意趣，平岗小坡，曲岸回沙，虽由人作，宛如天成。在造园的基础上，筑宅于山水间（图 4-12）。

图 4-13 白云深处住宅社区沿文山湖透视图

图 4-14 白云深处住宅社区庭院透视图

图 4-15 白云深处住宅社区北区排屋透视图

4.2.2 白云深处有人家

白云深处住宅社区通过地势的"启、承、转、合"，形成了一条环线：即中心曲环，小区生活由此展开；二个界面：以会馆为中心的主入口广场外部界面和围绕文山湖的内部界面；三处林区：外围通过防护林围合以纯净社区的内部环境，内部整理三处保护山林安排休闲小道，使小区的居户共同享受这一份宁静与温馨；四组建筑群落：南区为会馆、幼儿园、排屋群落，西区为别墅群落，北区与东区有两组双联、多联排屋群落；从园区游憩赏景功能出发设计"白云十二景"：峰回风舞、江湖梦远、庭阶寂寂、与谁同坐、扁舟暂泊、清溪踏歌、淡月听风、湖光烟柳、斜阳叠翠、家园香径、雨打芭蕉、东篱把酒，系列景区反映住宅社区的可居可游（图 4-13~图 4-15）。

基地由南侧外沿至内心，由低至高、由平淡入幽深，山水相依、高低相盈，有岸沙草树、曲道飞桥点缀其间，得林野之风致。

图 4-16 白云深处住宅社区东区排屋透视图

将居住区的整体环境特征确定为村庄聚落镶嵌在田园山林之中，充分利用并呈现自然景观，对原有水体加以整理，形成山水相依的主题景观。建筑轮廓线起到丰富和增强山体轮廓线的作用，并且建筑、庭院面积有大有小、有松有紧，不仅反映市场需求，更是丰富景观层次的要求。

起伏的地形和良好的植被，为建筑设计提供了想象创造的条件，建筑设计充分体现了滨水地、山坡地的环境特征，从景观与环境的角度，斟酌住宅层高与形态，并与环境巧妙结合，多采用举架、屋檐及平台出挑、错层等手法(图 4-16)。

材料上多选用卵石、块石、仿木材质，建筑色彩追求淡雅清秀，不过分突出单体形象，只是将其作为环境中的一个构件，同时尽量保护原有植被。细部设计是建筑的重要内容，恰到好处地运用多种建筑细部语言，更好地增加了居住区景观的丰富性、多元性，提高居住区文化品位。

图 4-17 白云深处住宅社区排屋组合立面图

4.2.3 游其间，亦诗亦画

自然式的大水体文山湖、涵碧潭由四周的山体围合，形成山水相依的主题景观。建筑轮廓线不破坏背景山体轮廓线，而起到丰富和增强的作用，两者是一种相互依存、相互促进的关系，达到“家在图画中”的效果(图 4-17)。小区的生活也由此串联：晨练沿环慢跑、夕照漫步林下、闲来垂钓绿荫，不一而足。

主要道路串联各大景区，山林景点由次要道路和步行游憩系统串通，形成山林、坡地、湖溪的立体化的景观系统。从入口开始一路都是美景：穿过桂花林便见白云泉，隐约可见前方花街九转、庭阶寂寂。沿着白云林荫道前行，分花拂柳间，广阔的文山湖呈现在眼前：群山环绕、水波不兴、参差屋舍。继续前行便到了汪汪一碧的涵碧潭间了，湖光烟柳、斜阳叠翠(图 4-18)。

路上景观序列有山有水、有屋有林、有幽有敞，具有节奏和变化，春日漫步踏青、夏日沐雨观荷、秋日问茶品桂、冬日踏雪赏梅，真正做到了步移景异、可居可游的效果。

人们时常津津乐道自己在旅游中流连忘返的村落、园林或寺庙，建筑设计应该使这种感觉成为人们日常的一种愉悦，使人们每日从生活的环境中感受到美的触动。

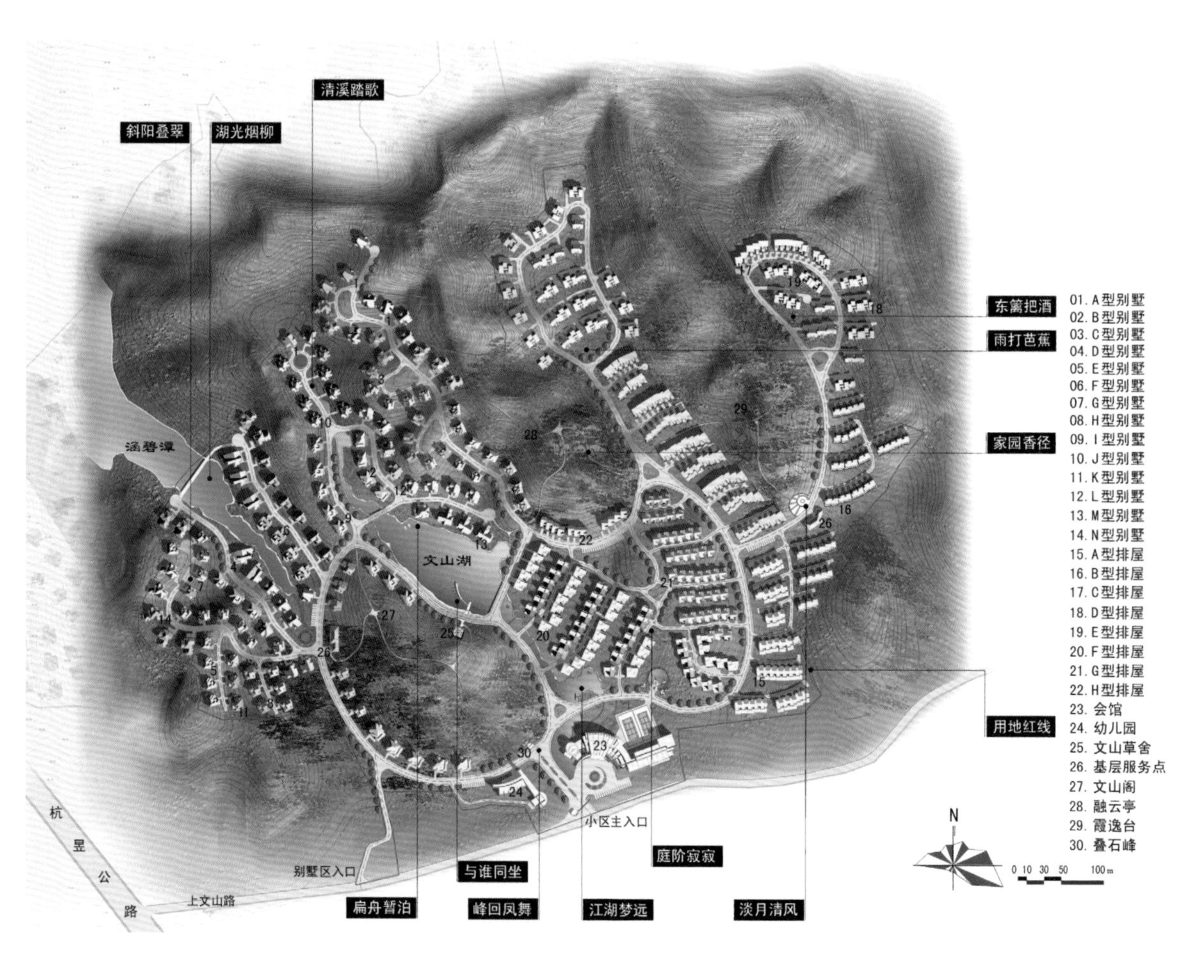

图 4-18 白云深处住宅社区总平面图

4.3 人性化共生

地球上生命的历史是生物与其周围环境相互作用的历史，与自然取得平衡就是取得成功。城市规划和建筑设计是对自然资源的利用和对生态环境的作用方式之一，建筑物本身是资源和能源的生态过程中的阶段性体现，对环境影响可谓举足轻重。可持续发展观念要求建筑设计和规划从生态平衡的角度，审视城市和建筑环境及其发展过程[1]。

作为居住区的建筑师，其社会角色和肩负的责任也越发多元化：他一方面应对环境、社会负责，使居住区建成后成为自然及人文环境可持续发展的载体；另一方面应对开发商（即建筑师的业主）负责，使之获得尽可能高的经济回报；同时更应对居住区的最终使用者（即居住区的住户）负责，满足其对居住区使用的各方面需求。因此，兼顾环境、业主、住户三者的利益并在其间寻找最佳平衡点，创作出既满足方方面面的要求、又不失建筑师社会责任感的作品，是建筑师必须要走的平衡木。

无论如何，一种生活状态从来不会凭空生成，也不会凭空消失，这离不开社会、经济、人文等诸多因素。当我们的居住生活发生变化时，我们的设计需要重新思考。居住区设计的发展和进步是个历史的过程，也是个发现问题和解决问题的过程，追求和谐舒适的人居环境是设计永恒的主题[2]。

通常而言，“和谐”与“舒适”只是形容词，但在人居范畴里，“和谐”与“舒适”却是概念宽泛到类同于理想的词。感觉很虚，而房子很实，我们的设计与建造要努力将这种感觉落到实处，将居住区的和谐与舒适体现在各个细节的一点一滴。

---

[1] 董丹申，李宁. 在秩序与诗意之间——建筑师与业主合作共创城市山水环境[J]. 建筑学报，2001(8)：55-58.

[2] 宋春华. 观念、技术、政策——关于发展“节能省地型”住宅的思考[J]. 建筑学报，2005(4)：5-7.

第　五　章

楼观沧海日 门对浙江潮

图 5-1 从基础教学楼门廊看钱塘江：门对浙江潮（丁向东 摄）

浙江大学之江校区中建筑聚落的内涵和感染力，并非单纯设计或建造出来的，而是历经了百余年岁月沧桑，才逐渐生长和积淀成的。新建筑与老聚落穿越时空的对话，是很有回味的经历。

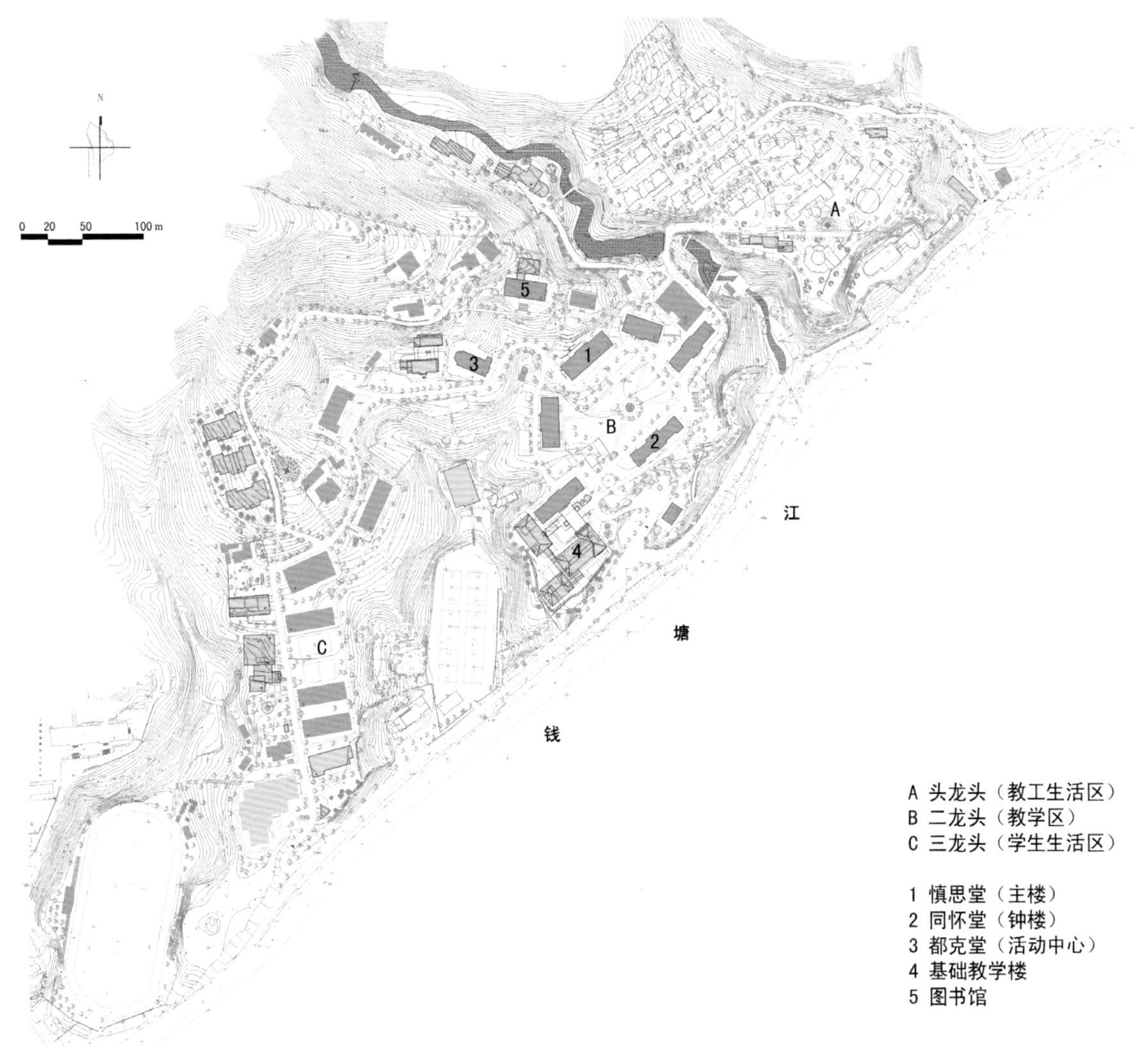

图 5-2 总平面图

5.1 构园无格，借景有因

浙江大学之江校区位于杭州钱塘江边的月轮山坡（原名秦望山），校区内古木参天，环境清幽。其前身是之江大学，校区总体规划与建筑单体营造，记录了一百多年前西方建筑思潮逐步引入我国对传统建筑体系所产生的影响与相互交融的过程。

校区利用山坡营建，节约农田，且取得了平地校园难以获得的立体空间感。至今周边没有工业区、商业集市等干扰，为师生提供了一个得天独厚的读书环境（图 5-1、图 5-2）。

图 5-3 钟楼（同怀堂）

5.1.1 海纳江河

建筑是人类历史与文化的一种载体，不同时期留下来的有历史意义的建筑物对构成今日的人居环境起着举足轻重的作用。

之江校区近代建筑均红砖红瓦，保存完整、形式多样、群体造型优美，大多建于 20 世纪初，经过百余年的岁月侵蚀，不但未见衰败，其别致的细部、斑驳的肌理，以及红砖砌筑间的精巧勾缝，更因其沧桑感而给人以艺术的品味和美的享受，在我国校园中是十分珍贵的。这组建筑群落的内涵和感染力，并非单纯设计或建造出来的，而是历经百余年岁月沧桑才逐渐生长和积淀成的（图 5-3）。

之江校区近代建筑群落从一个侧面、一个局部反映了近代国内外的建筑思潮和建设水平，记录了外来思潮的影响下中西方建筑的融合与中国建筑在探索新路方面的努力，使人们觉察到作为一种文化现象的建筑，在其发展和演变过程中所具有的潜在影响力与文化价值[1]。

5.1.2 依山就势

山地自然景色为创造优美的校园环境提供了天然资源，之江校区总体布局在尊重基地自然地貌的前提下，依山就势、因地制宜，在各个空间层级都能不同程度地创造新的景观。

山脊与山涧将校园分为头龙头、二龙头和三龙头三部分，在长期的演变过程中分别形成了家属区、教学区和学生生活区。在二龙头较平坦处设中心广场，同怀堂、慎思堂、工程馆、外文馆等建筑围合于此，成为校区的核心区。

1 李宁，丁向东．穿越时空的建筑对话[J]．建筑学报，2003(6)：36-39.

图 5-4 教学主楼（慎思堂）

之江校区的道路紧密结合地形地貌和建筑布局，形成就地依势、舒展灵活的系统，主要道路成不规则环形，通过校前引道连接之江大道，各建筑之间通过顺应高差而自由布置的次道路相连接。校区内道路除环路外基本上是步行道，根据地形及周围环境设置景观节点（图 5-4）。

之江校区受当时美国自由式布局风格和思潮的影响，其规划强调功能性、灵活性及舒适性，重视对自然的因借。建筑、道路与山地林木等形成有机的整体，保持和提高了自然美的价值。

5.1.3 聚散相宜

单体之间寻求群体之间的默契与聚散关联：从校区大门拾级而上，首先看到高耸的钟楼（同怀堂）；穿过钟楼便是校区的中心广场，其北面是校区教学主楼（慎思堂），同怀堂、慎思堂连同中心广场形成聚合中心；再往上就来到活动中心（都克堂）和图书馆，林木萧萧，别有情趣。建筑忽而平衡，忽而对峙；空间忽而围合，忽而敞开，这种有节奏的组合变化模式贯穿于整个校区，形成曲折多变的校园空间（图 5-5）。

这种布局既是近代中国校园规划风格和思潮的一个代表，又是 19 世纪否定学院派刻板的对称布局形式、肯定开放性校园规划形态的例证。时代在变化，作为学校势必要不断发展，作为聚落势必会不断演变。世易时移，现代的建筑体系已经发生了彻底的变化，如何在老聚落中添加新成员，运用现代的建筑材料和施工技术，来引发与聚落历史的对话，并满足现代的需要，这是聚落能够成功演变的重要因素，这就是基础教学楼的设计背景。

图 5-5 小礼堂（都克堂）

图 5-6 从校区入口坡道仰视基础教学楼

图 5-7 从钟楼处看新老教学楼群组

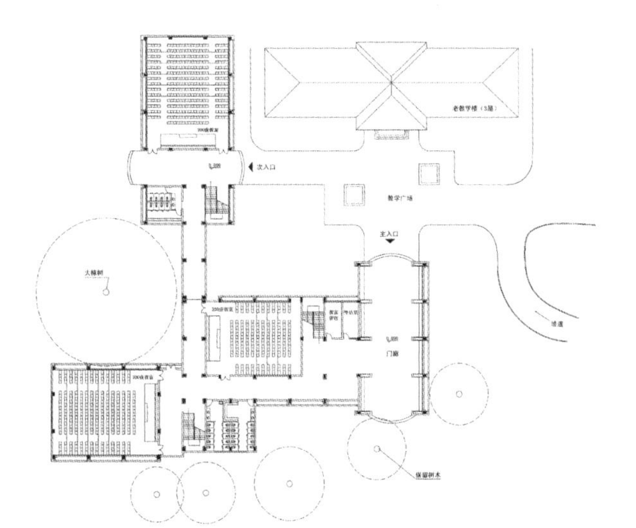

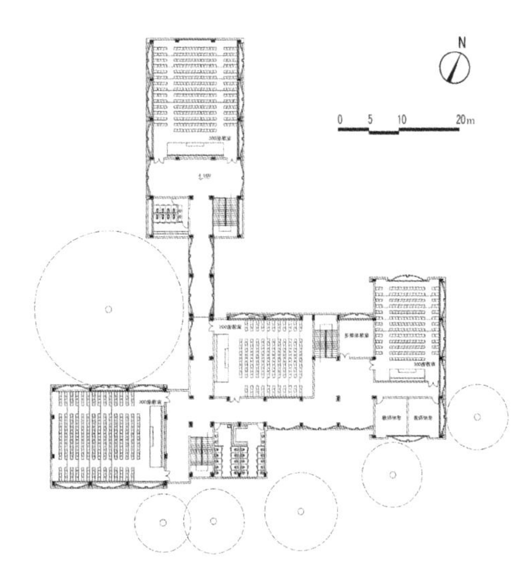

图 5-8 基础教学楼一层、二层平面图

5.2 延绵相承，穿越时空

基础教学楼位于校区主入口左侧，总建筑面积 3500 m²。建筑的设计过程，就是在校区环境中把握建筑定位的过程，即在空间、时间、人文等因素组成的多维坐标系中寻找合适的位置。

开始设计前经过多次的实地勘测和分析，发现这项任务主要有以下两个难点：第一，用地面积不大，并且不规律地生长着十余棵名贵的古树，作为以大教室为主的基础教学楼，如何采取有效的形式与基地环境协调是首要的问题；第二，周围校舍均为古朴典雅的老建筑，新建筑如何与老氛围对话和协调共生是设计成败的关键。基于对这两个问题的思索，设计过程中从纪念与否定、敞廊与借景、渗透与兼容等方面进行深入，营造穿越时空的建筑对话场景（图 5-6~图 5-8）。

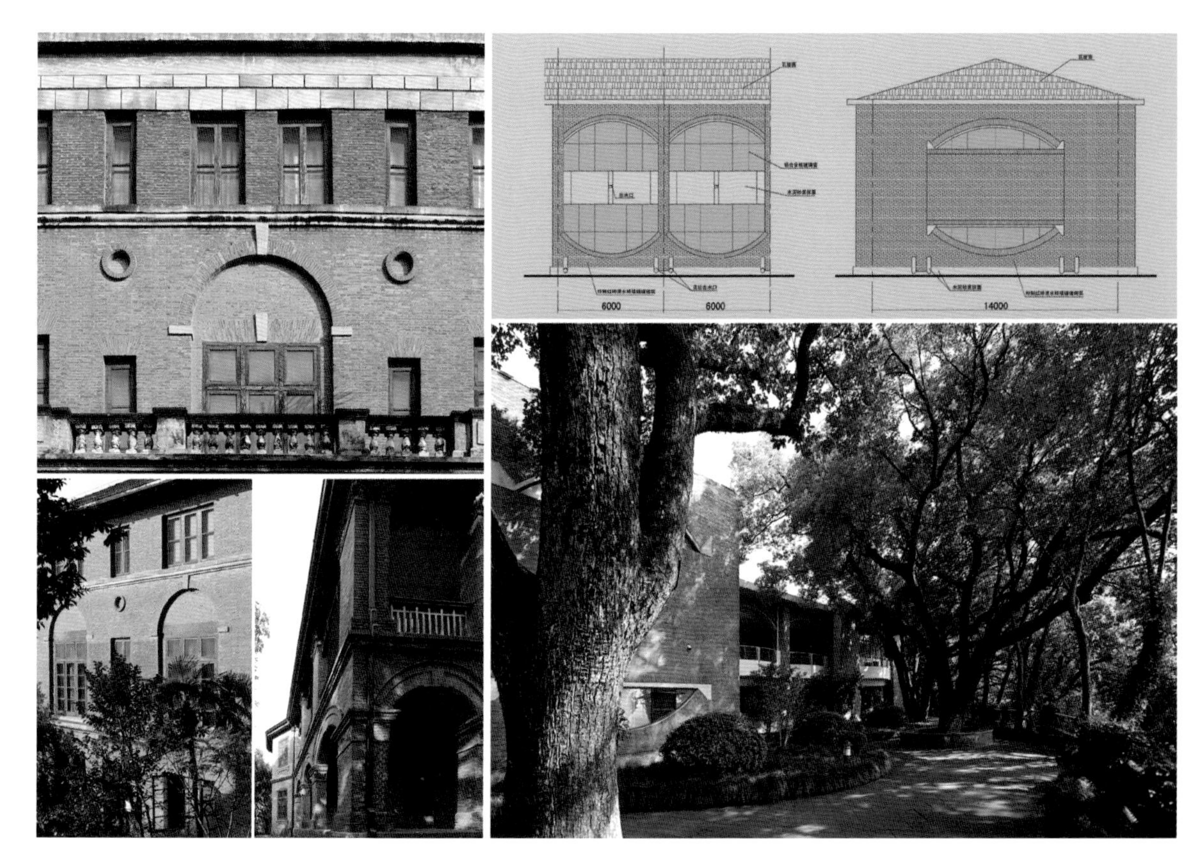

图 5-9 老教学楼的建筑元素

图 5-10 基础教学楼立面单元分析与南侧外观

5.2.1 纪念与否定

合理的建筑语言传承是使新建筑融入老氛围的有效方法。拱券和圆形建筑元素在之江校区的老校舍中随处可见，造型优雅并忠实地体现了当时的建筑构造（图 5-9）。时过境迁，现代的构造体系已经发生了革命性的变化，很多当时的建筑元素已经失去了原先的构造功能。

如果为了纪念从前，不假思索地使这些建筑元素成为纯装饰性的符号，无疑是一种否定自身、否定现在的行为。只有在新的建筑中，让它们担负起新的功能，出现在新的位置上，才是一种既不否定现在，又能纪念从前的传承之道。

在基础教学楼中，运用几个老校舍中的建筑语言元素，赋予特定的功能：倒转的拱券成为花坛，半圆形的线脚成为敞廊和花坛的出水口，以新的尺度和形态达成统一，在新的建筑中它们拥有了新的内涵（图 5-10、图 5-11）。

建筑师这一职业的深远意义就在于运用专业知识，以创造性的设计联系历史和未来[1]。

[1] 吴良镛. 国际建协《北京宪章》问世 20 年之际的随想[J]. 建筑学报, 2019(10): 121.

图 5-11 立面意趣（丁向东 摄）

图 5-12 从敞廊看西侧庭院

图 5-13 从敞廊看钟楼

图 5-14 自身即对景

图 5-15 从敞廊看南侧观潮台

5.2.2 敞廊与借景

在空间组合中，基础教学楼以分散的院落式平面布局避开大树，在周边大树中寻找建筑生长的最佳可能。尤其在西侧庭院的处理中，庭院围绕一棵树冠直径约 18m 的大樟数来布局，庭院的铺地呈圆环形，与拱券等校园建筑符号相协调（图 5-12）。

就利用外部空间而言，借景能起积极的调动作用，丰富了空间层次且使新建筑与周围环境产生“你中有我，我中有你”的对话效果。把他处景物引到所需的场所空间中，使人的视线能够由这一空间而延伸到另一空间或更远处，获得层次丰富的景观，同时也使建筑超越了自身的空间局限。

因借无由，触景俱是。教学楼的设计中通过敞廊采用借景的手法，使钱塘江、月轮山等周围的自然景观和人文景观在人们活动、观察的过程中互为对景，更使校区内典雅的近代建筑群和基础教学楼本身成为欣赏点（图 5-13~图 5-15）。

建筑南侧正对钱塘江，是观潮的佳所，设计使观潮台与基础教学广场以透空门廊相连，营造“庭院深深深几许”的意趣。

图 5-16 敞廊镜框效果及校区溪流潭水

5.2.3 渗透与兼容

基础教学楼通过敞廊使校园、庭院、室内空间隔而不断，加之远山近水、草坡山林，使景观小中寓大，透过敞廊将山水景观延伸至教学空间之中。敞廊使内部空间与整体环境相互渗透从而彼此兼容，不但为师生们提供了课间休息、交流的场所，而且敞廊本身也成了四周美景的镜框：室外环境是室内的画卷，室内空间是室外的展厅（图 5-16），从而使校区老氛围与新建筑达到最大程度的共融共生。空透的敞廊使南侧、西侧庭院与基础教学广场、钟楼以及校区中心广场气脉相通。

从建成效果看，最让新同学称奇的是基础教学楼与周边近百年的大树完全啮合，到底是大树在建筑的院落里生长，还是建筑在大树的根枝中生长，已经难以分辨（图 5-17）。

作为风景区特定的建筑，经报批同意墙体采用特制红砖砌筑清水砖墙，与周围老校舍协调。敞廊的墙身同样以特制红砖来砌筑，与外墙一致，进一步消解建筑内外的界限。建筑品位的高低不在于材料的贵贱，关键在于适宜的运用和恰如其分的表达。

图 5-17 基础教学楼西侧庭院

5.3 创造性讲理

如今我国各地新区、新校园等正在不断建设，许多人在赞叹这些园区设施先进的同时，总是感慨其中人文底蕴不足。

事实上，一个聚落的人文底蕴并不是靠设计或者建造所能实现的，而是通过岁月的流逝，在漫长的演变中逐渐生长和积淀成的。从之江校区的聚落演变中可以发现营造良好的聚落环境与氛围并非一朝一夕之功，要长期坚持、逐渐积淀。从建筑聚落的角度考虑，需要的是各单体彼此协调，而不是完全统一。之江校区的近代建筑群落是在近百年的经营中逐渐发展和演变的，各单体之间由于时间的间隔、设计者的不同和设计思潮的变化而有所变化，但设计者从环境出发，都注意到使之与整体相协调[1]。

保护不容易，破坏起来却很方便，只要盖一幢超出山体轮廓线的高楼大厦即可，许许多多的传统聚落正是在这样的大拆大建中湮灭了。之江校区与其他逐步演变至今的成功聚落一样，使人们觉察到作为一种文化现象的建筑聚落，在其发展和演变过程中所具有的潜在影响力与文化价值[2]。

之江校区最令人赞叹的是建筑聚落与山势地形的融合。未去过之江校区者从六和塔、之江大道走，根本不知山边还有一座学校，因为建筑皆隐映在山形与绿树之中，校区入口通过长约 1km 的引道与之江大道相连，延绵数公里的茂密树林和草坡如屏风一般隔开了之江大道与校区及引道。

在如此优美的环境中做设计，是一次难得的机遇，设计的推敲更引起了超越时空的遐思。竣工后不断去现场看一看，只为去品味红砖墙上的青苔。

---

1 李宁，李林. 浙江大学之江校区建筑聚落演变分析[J]. 新建筑，2007(1)：29-33.

2 石孟良，彭建国，汤放华. 秩序的审美价值与当代建筑的美学追求[J]. 建筑学报，2010(4)：16-19.

第　六　章

装点此关山　今朝更好看

图 6-1 新疆罗布泊龙城雅丹

随着人们各种需求的不断延伸，隐于大山深处的小镇、戈壁滩上的荒漠都热闹了起来。这会带来开发与建设，也就涉及设计中建筑的语言与适宜的表达。

图 6-2 光雾山秋季层林尽染的效果

图 6-3 光雾山镇现状与进出的盘山路

在城市像摊大饼一样不断膨胀的今天，人们益发无法按捺回归自然的古老冲动，这让大家风尘仆仆，甚至千难万险地奔向一个在地图上都难以找到的地方，让烦躁已久的心灵在其间寻求几天的抚慰[1]；另外，矿产的开采，也使许多人迹罕至的蛮荒之地引起社会的关注（图 6-1~图 6-3）。

随着人们各种需求的不断延伸，隐于大山深处的小镇、戈壁滩上的荒漠都热闹了起来。这会带来开发与建设，也就涉及设计中建筑的语言与适宜的表达。

[1] 李宁，郭宁．醒来的桃源——四川光雾山国家风景名胜区游人接待中心规划与建筑设计[J]．华中建筑，2006(6)：34-37.

同时，如今的大众传媒及文化工业的迅猛发展，使建筑创作成为日常生活中的消费品，建筑师苦心经营的建筑理想在面临一个个建筑个案时，市场的压力轻易就将其化解了。

快速改变的各个层级的空间环境，会让人们几乎连昨天都记不起，来往的人们在四处寻找，试图寻找精神的家园，却在城市空间中迷失，那里不再有熟知的街道和嬉戏的场地，也许人们仅仅只在寻找能慰藉他们心灵的空间图式[2]。在一些特定环境的设计中，我们对此进行反思与探索。

[2] 苏学军，王颖．空间图式——基于共同认知结构的城市外部空间地域特色的解析[J]．华中建筑，2009(6)：58-62.

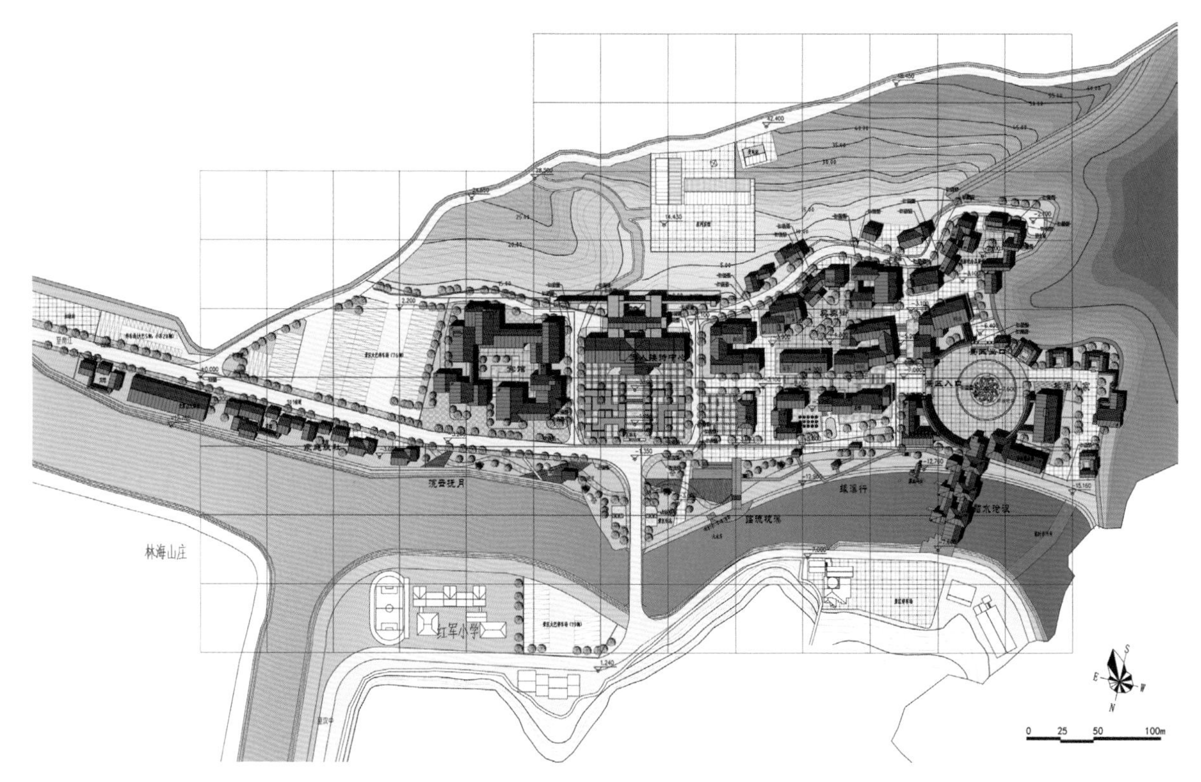

图 6-4 四川光雾山国家风景名胜区游人接待中心总体规划总平面图

6.1 醒来的桃源

四川光雾山风景区位于四川省巴中市南江县，地处川陕两省交界处，主入口处的小镇现名光雾山镇。光雾山作为国家重点风景名胜区，集“峰奇、石怪、水秀、谷幽、山绿”于一体；同时也是全国十二个重点红色旅游区之一的“以渝中、川东北为重点，以川陕苏区、红岩精神为主题形象”的川陕渝红色旅游区的重要组成部分。

四川光雾山国家风景名胜区游人接待中心总体规划用地位于镇中心区，规划总用地面积 91272㎡，总建筑面积 34400㎡。业主希望通过该核心区块的规划与建筑设计，使光雾山的旅游资源得到进一步整合完善，形成一个顺畅、延续、可游、可赏、可休憩、可驻留的旅游产业带（图 6-4），充分发挥现有旅游资源的潜力，增加现存旅游资源的附加值，进而提高旅游产业质量。

小镇外出的通道在大巴山中起伏，北通汉中、南接巴中。在这条古道上，曾有萧何月下追韩信，也曾有诸葛亮发兵祁山，当我们的设计融入这一方水土的时候，我们期待着新的传奇。

图 6-5 光雾山镇面向景区方向场景透视图

6.1.1 地势与布局

从成功的建筑聚落来看，都努力使聚落与地形的特点保持一致并将具有特异性状的地势引入其中，充分地发挥出基地的潜在力，借此赋予聚落特定的秩序感，创造出独特的聚落景观。

光雾山镇四面环山，与外界联系的道路呈“几”字形，溪流南侧略平缓处是小镇、北侧陡峭处是景区。考虑山地特点和坡度坡向关系，利用较平整处布置建筑，充分利用山地与溪流水滩营造氛围，兼顾景观生态，满足景区开发多样化的需求，以适宜的尺度、合理的规模来维护小镇适宜的人居环境。设计以游人接待中心为主体，总体上组织了“一轴、两心、三带、五节点、六组群”的规划结构，从而串起了七大功能区。

整个基地东西长、南北窄，顺应地形在空间上形成一个贯穿东西的轴线，使整个规划完整统一，此称为“一轴”；以游人接待中心前的公共广场与景区入口前的入口广场，构成规划上的两个中心点，此称为“两心”，这两个中心将贯穿的轴线转折到廊桥并通向对岸的景区，完成了从“镇”向“景区”的过渡；根据开发顺序、景观层次、地形高度，整个规划分为临水景观带（主要是一些具有农家野趣的景观建筑），观景商业带（主要布置餐饮、休闲内容），靠山公共设施带（以宾馆、接待内容为主），此称为“三带”；在景观规划上设置碧水沧浪、缘溪行、桃源人家、临流枕溪、浣云抚月等五处聚落景观节点，称为“五节点”；“六组群”是指建筑单体组成六个群组，界定“一轴”、围合“两心”、组织“三带”，使整个聚落空间成为一个有机的整体。

陡峭的山崖隐没在雾中，朴实的建筑错落在溪水岸边，远处的亭阁点缀在山峦之间。一个空间主题沉寂下去，带出另一个主题，山峰的层叠和弦中萦绕着人们活动的欢快音调，这就形成了环境的感染力[1]。规划布局与地势相契合，构建一组顺应地势的原创建筑聚落，体现出整体的可识别性（图 6-5、图 6-6）。

---

1 鲍英华，张伶伶，任斌．建筑作品认知过程中的补白[J]．华中建筑，2009(2)：4-6+13.

图 6-6 四川光雾山国家风景名胜区游人接待中心总体规划鸟瞰图

图 6-7 光雾山镇夜景透视图

图 6-8 光雾山游人接待中心广场区透视图

6.1.2 聚落与实施

设计注重环境效益与经济效益相结合，适度开发与旅游业相关的服务业。按景区主题形象和目标定位，结合区内资源和环境条件，将整体分为七个功能区：游人接待中心广场区、宾馆酒店接待区、滨水景观游览区、休闲商业区、景区入口广场区、田园景观区、停车场区（图 6-7、图 6-8）。

游人接待中心广场区位于基地中心，既是游客集散中心，又是展示、办公和会议中心；宾馆酒店接待区位于基地东侧，规划一个集中的旅游宾馆和若干家庭式旅社；滨水景观游览区占地贯穿基地东西，让游客在临水嬉戏和涉水过溪等项目中，充分体验接近原生态的自然之爱和山水之美，设置游览栈道、观景台、观景亭、入口门楼、过溪廊桥等；休闲商业区位于基地西侧，设置商业店铺、茶馆、餐厅、咖啡馆、酒吧等，既是提升当地的旅游经济的商业配套设施，又是服务设施中心；景区入口广场区设置景区管理用房；田园景观区位于基地的最西侧山脚下，营造一处具有田园感的休闲接待之地，主要是茶馆与餐厅；在通往巴中方向的东南部设置大型的停车场，北侧通往汉中方向设置一个小型的停车场。

根据对现状基地的分析，设计立足于一次规划、分期实施的开发设想。一期为游人接待中心、通向对岸的廊桥和停车场，并对现有小型宾馆、家庭旅社进行整修；二期为靠河商业街以及沿水景观带的整理；三期为基地东部的宾馆区。商业街靠近山脚的部分可以根据发展需求远期开发。

分期开发的关键在于其中的可实施性，合理的规划使后期开发不影响先期开发的日常使用。通过有序的分期建设，既减少了初期投资压力，又可使整个聚落呈现出一种生长的态势，如有机体一般，顺着山形水势茁壮成长。在现场踏勘发现，现有的光雾山景区入口在镇的对岸，因山路狭窄且正对公路桥的桥头，节假日拥堵非常严重。规划设计让游客在镇里集散，通过廊桥将游客迎过溪流进入景区，有效平衡了景区交通和小镇人气问题。

图 6-9 光雾山游客接待中心夜景透视图

图 6-10 光雾山游人接待中心主要平面图、立面图、剖面图

6.1.3 脉络与形态

根据地形地貌的特点，尽量保留基地的原样性，建筑单体和各项基础设施尽量和环境相一致，其高度、体量、色彩等须符合环境地貌的要求。设计充分结合现有的自然人文资源，营造一个具有川北地域特色的建筑聚落，并结合当代审美要求，运用适宜的新材料、新技术，增强建筑群的视觉新鲜感。

整体建筑聚落融合川北民居特点，以两层坡顶为主，以白色和灰色为主要色彩基调，尊重自然山水格局，强化山地肌理。游人接待中心是整个聚落的核心建筑（图 6-9、图 6-10）。其选址从小镇现状、景观、分期开发、人流组织等多方进行论证，最后选在基地中心，靠近与外界联系的道路。这样有利于人流的集散和景区形象的宣传，建筑形体蕴含着蓄势待发的张力，既显得空灵神动，又展示出一种蓬勃之气。

游人接待中心靠近入口广场的部分首层有接待门厅，两边是商业，二层是集中的展览部分。伸入山体的两部分，一边设置办公，另一边与规划的宾馆相邻，设置临时的接待客房。

建筑聚落隐映于水光山色之间，在布置上采用对景、框景等手法，创造出步移景异的园林情趣。人们在建筑空间序列的体验中，会感受到场景及其秩序的变化，犹如音乐与戏剧中的主题与结构变化，从中体验到愉悦感、趣味性，极富艺术感染力[1]。

这是一组根植于川北大地的建筑，从传统汲取营养、给将来留下记忆，体现一段文脉的延续。其本身隐于大山中的地理位置与独特地势，使该聚落的空间组合与整体空间环境相得益彰。在峰迴路转之间，如柳暗花明一般，将游人迎入景区。

该镇原名“桃源镇”，光雾山被批准为国家重点风景名胜区后，更名为光雾山镇，是一个醒来的桃源。

[1] 陆邵明，王伯伟．情节：空间记忆的一种表达方式[J]．建筑学报，2005(11)：71-74.

图6-11 新疆罗布泊戈壁滩

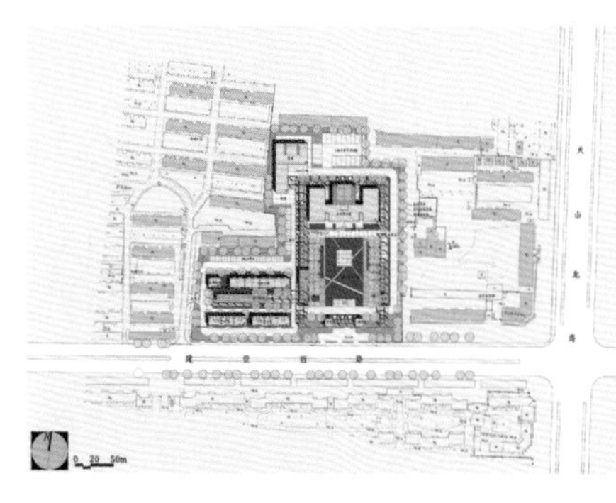

图 6-12 办公基地总平面图

图 6-13 办公基地东南侧总体透视图

6.2 戈壁的生机

罗布泊如今是我国西部的一片茫茫戈壁荒原（图 6-11），给人以荒凉、孤寂的感受，并因其中的楼兰古城的神奇消亡以及 20 世纪 70 年代湖水的完全干涸等原因而充满着神秘色彩。

这里当年也是繁华之地，丝绸之路上驼铃之声相闻，楼兰城外也曾水草肥美，所有这些已成故事，这里早已荒无人烟。或许辉煌过后的沉寂更为震撼人心，无数的探险家与科考队员都纷纷到此探索生命的证据、大自然的莫测。

这里又是世界上储量最大的钾盐矿，国投新疆罗布泊钾盐有限责任公司在这里进行开发，准备打造世界硫酸钾航母。哈密是离矿区最近的沿铁路线的城市，随着开发量的逐渐增大、公司的逐步发展以及建设一流企业的需要，公司决定在哈密市建设一个能展示公司形象的办公基地。

国投新疆罗布泊钾盐有限责任公司哈密办公基地是国家重点建设项目（国投新疆罗布泊钾盐有限责任公司年产 120 万吨钾肥项目）的配套工程[1]，位于新疆哈密市建设西路北侧，总用地面积 30926㎡，总建筑面积 24834㎡。

6.2.1 裁剪与疏密

由于基地总体呈不规则矩形，设计如同精心裁剪一块布料一样，在满足建筑后退用地红线的前提下，顺应基地的轮廓集中摆放，留出方整的地块形成开阔的广场（图 6-12、图 6-13），布局

[1] 李宁，郭宁．建筑的语言与适宜的表达——国投新疆罗布泊钾盐有限责任公司哈密办公基地规划与建筑设计[J]．华中建筑，2007(3)：35-37.

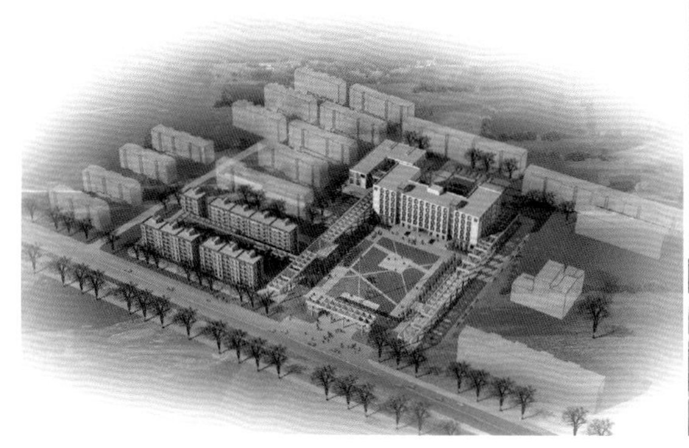

图 6-14 办公基地总体鸟瞰图

图 6-15 办公基地办公楼南侧透视图

讲究密不透风、疏可跑马。

在整体布局中通过刚毅的体块组合体现一种坚如磐石的气势，蕴涵着罗布泊沉寂千年然后逐步复苏的生命力。办公楼、食堂、公寓有机地存在于有规律的布局框架中，大门、廊道与办公综合楼围合形成的广场中心，既为园区提供了交流休息的公共场所，更有海纳百川的深远喻意。

集中式的高效便捷、分散式的舒展优雅，融汇在一个富有逻辑性的整体布局中。

6.2.2 界面与空间

在哈密办公基地的空间组织中，着重强调“理性、稳重、含蓄”的性格，希望体现发自建筑本身的一种理性美，通过理性的秩序使空间与使用者的交互界面清晰而友好。

设计以廊道限定空间，既使广场成为园区整体形象的重要组成部分、对各层次空间有所界定，同时又有通透的视线、表达园区的开放性。

于是，实与虚的对比、梁柱构筑方式与广场组织关系的调和成为建构形式的建筑语言，既熟悉又新奇。柱廊唤起了人们对秩序的记忆，从而形成庄重典雅的感受，据此展开的形式逻辑在总体上有效地组织了建筑对外的界面（图 6-14、图 6-15）。

各个单体建筑通过林荫步道串为一个整体，使空间保持连续性，创造了一种互动、交流的体系，并表达出对“计白当黑”空间处理的理解。设计不断努力的，就是反复确认建筑材料是否合适、颜色是否和谐，以及界面是否友好。

图 6-16 办公基地连廊与广场透视图

图 6-17 罗布泊湖心地貌

6.2.3 场景与色调

新疆是一个多文化、多民族交融的地区，哈密是古高昌国的所在地，更是新疆一个历史底蕴丰厚的城市。新疆随处可见的葡萄架、精巧的尖拱窗，以及当地建筑的廊道，为设计提供了多样的素材，通过抽象、理性的组织在建筑中得以体现，强调简洁隽永、稳重大方的形态表达。连续的柱廊，既展示葡萄架的场景趣味，又反映出中国传统空间中类似千步廊和游廊的那种极强的围合感和纵深感（图 6-16）。

综合办公楼部分呈“一”字前后展开，一层设置两层通高的入口大堂，在一层的北侧独立设置可容纳 300 人的多功能厅，视频会议室安排在东侧，西侧设置了健身娱乐等设施；二到五层为办公空间，以及小型会议室。食堂一层为清真食堂，二层为维汉餐厅，均可容纳 300 人同时就餐。公寓部分配置了 84 套单身职工公寓和 24 套专家公寓。办公楼立面采用带有传统文化符号意味的肌理，简洁大方的造型、富有韵律感的细节处理更能体现其沉稳气势，并与行政功能性格相吻合。

整个园区的造型处理既同构于古代丝绸之路上的古代西域建筑神韵，又传达着现代简洁的审美信息，方整的建筑形体有利于西北地区的建筑节能，整体的建筑色调就按照罗布泊的环境色调进行设计（图 6-17、图 6-18）。设计遵循着当地传统与现代建筑共融的原则，形成具有传统“砌筑感”意味的现代建筑形态，表现出对形体的关注、对阴影的关注、对细节的关注。

图6-18 罗布泊盐碱地

6.3 创造性求变

在这数字化的时代几乎没什么是不能复制的，功能布置按业主的要求，形体组合按业主的爱好，建筑设计不断由一种“风”转向另一种“风”，由一种“流行”转向另一种“流行”，但行走于大量的建筑复制品中时，却总是怅然若失[1]。

如今在我国的城市乡村，都有快速成长的新建筑。许多留着匆忙痕迹的新建筑，使许多地方仿佛一下子脱去陈旧却有特色的老外套，换上时髦的现代制服。正是这样的制服，使人们在享受新建筑种种便利的同时，似乎会面对这样一个悖论：要么是老房子，不适用但有品位；要么是新高楼，虽便利但无底蕴。

作为对这种悖论的反驳，建筑师总是竭力使用越来越复杂的建筑语言，或搜奇掘怪，或采取复古之道，但往往事与愿违。作为一个特定地方，或者说一种环境形态，其影响建筑的主要有自然状况、社会规范、经济能力、交通基础和人文习俗等因素，若这些因素发生变化，则建筑亦发生变化[2]。

四川光雾山是一个尘封之地。楚汉争霸的风云，三国演义的风流，都如烟云般，飘荡在这林野间；往返商旅的喧嚣，白发渔樵的澹泊，都如尘埃般，凝结在这古道上。虽曾一度繁华，却因山高路险、位置偏僻而门前冷落。在充分解读环境基础上的建筑生发，使建筑聚落表现出一种随机与舒展的形态。漫步其间，或许在月白风清之际，恍惚间顿悟前世今生。在哈密办公基地的创作中，通过墙、柱、门窗以及由此组成的体块等建筑元素，言简意赅地表达了一组办公基地的建筑，并在满足功能需求的同时适宜地体现出建筑意象的色调与建筑所承载的企业形象。

社会在发展，城乡建设的命题在发展，现代人群的结构和愿望也在发展，重要的是建筑设计如何变化、如何适宜地表达。

---

[1] 赵巍岩. 当代建筑美学意义[M]. 南京：东南大学出版社，2001，8：4-13.

[2] 董丹申，李宁. 内敛与内涵——文化建筑的空间吸引力[J]. 城市建筑，2006(2)：38-41.

第　七　章

苔痕上阶绿
草色入帘青

图 7-1 金华婺江云霞

校园设计并不复杂，因为其中无须太多的流程或要求；校园设计分量很重，因为这里蕴涵无穷的期待和希望。提起校园，大家心中肯定会不经意地浮现起自己和同学在窗前学习的情景。

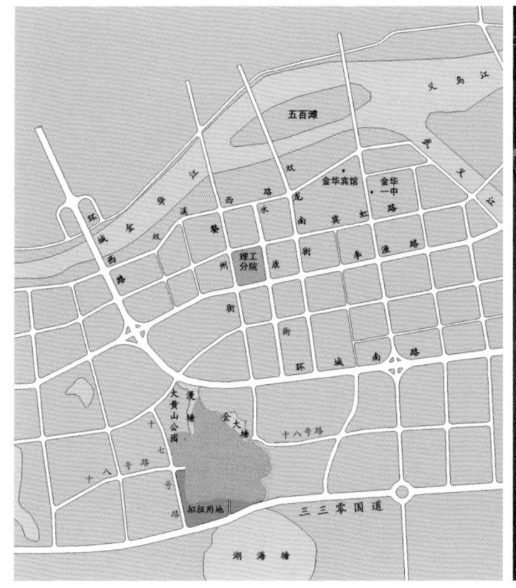

图 7-2 金华理工学院总院区位图

图 7-3 金华理工学院总院北侧鸟瞰图

7.1 水通南国三千里

浙江金华的五百滩附近，是义乌江和武义江的交汇处，自古称“双溪”。“唯恐双溪蚱蜢舟，载不动，许多愁”，愁的确是很重的，从山东到浙江金华千里辗转，李清照在乱世中漂泊，其辛酸可想而知，但也同样在此，她写下了“水通南国三千里，气压江城十四州”（图 7-1）。

于是，婉约和豪放、柔弱和坚强，在平衡中形成了一种文化张力，让古往今来的无数文人墨客在此感慨万千。金华理工学院总院的基地就与延绵的文脉通过水系的流通而有了关联。

金华理工学院总院基地为丘陵缓坡地，南接 330 国道，金大塘、漫塘、湖海塘等自然湖泊与大黄山公园环绕基地周围，环境十分清幽（图 7-2、图 7-3），规划总用地面积 685000㎡，规划总建筑面积 268000㎡。

7.1.1 规划结构社会化

根据设计要求，金华理工学院总院的内容包括院总部和人文师范、商学、农学、医学四个分院，总院通过东侧的婺州街便可很便捷地与理工分院进行联系。

金华理工学院总院总体规划（图 7-4）布局可概括为：1 个中心（曲水绿岛）；2 条环线（人车分离）；3 片运动区（与生活区相对应）；4 组分院教学综合楼；5 处广场（校前区广场、校园中心绿岛、文化广场、体育中心和交流广场）。

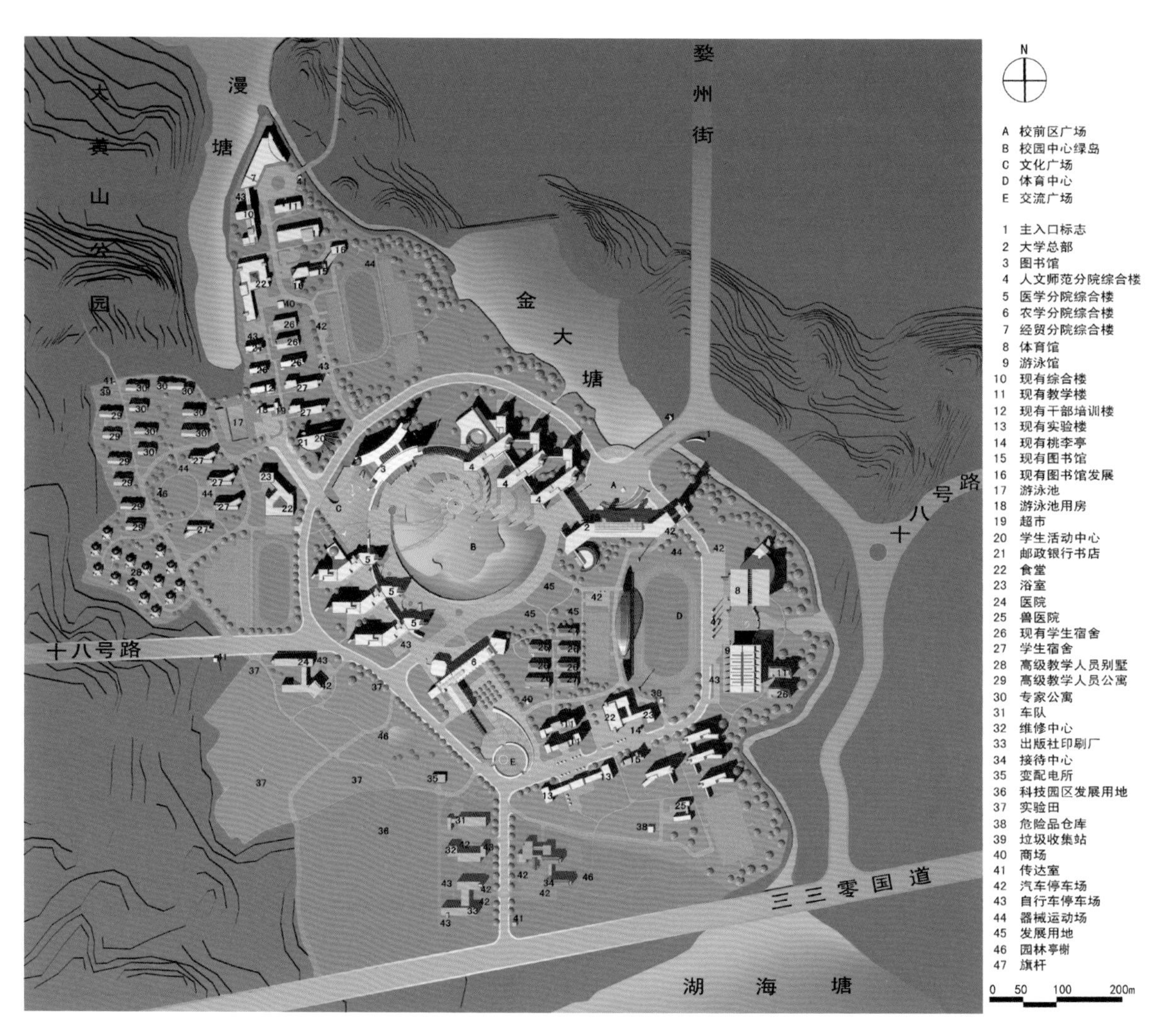

图 7-4 金华理工学院总院总平面图

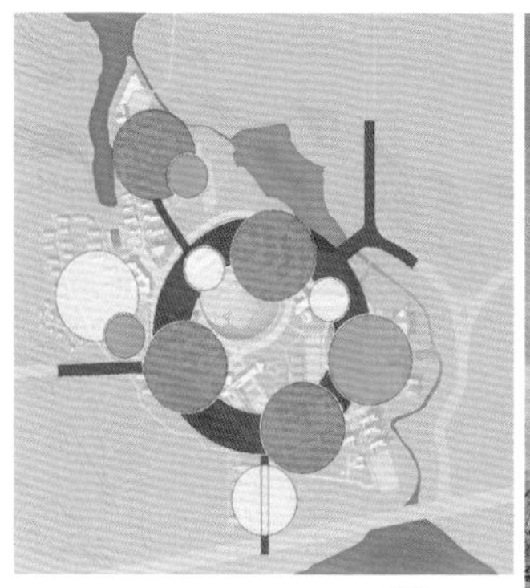

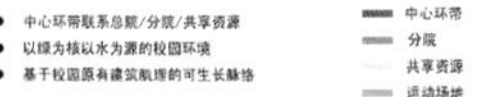

图 7-5 金华理工学院总院规划结构图

图 7-6 金华理工学院总院校前区广场透视图

整个校园以曲水绿岛为全院共享中心，分院成为组团环绕周围，运动区三点呼应，生活区周边布置，组织动静分离、疏密有致、相互渗透的功能分区，以此形成校园基本格局，呈现出一个反映教育民主化、生长于自然环境中的自由式校园，以及面向城市、服务社会的开放性结构（图 7-5）。

如今校园不再是封闭的象牙塔，尤其是体育馆、图书馆等属于城市共享资源，都将直接向社会开放。

在金华理工学院总院总体规划中作如下分区：第一，社会公享性建筑群主要有总院图书馆、总院行政综合楼、体育中心（包括 400m 标准赛场、3000 座体育馆和游泳馆）、校医院、后勤及科技园区。总院行政综合楼对着校前区广场（图 7-6），直接面向城市，图书馆和体育中心通过外环线可方便地与城市沟通。将校医院、后勤及科技园区布置在校园南侧，紧邻 330 国道，并以此形成校南大门景观。

第二，四个校园共享性功能组团环绕曲水绿岛四周。人文师范分院综合楼与总院行政楼围合而成校前区广场，医学分院综合楼与运动场组合成校西大门景观。从校园内部看，各分院有韵律感的空间组合与图书馆一起构成富有浪漫节奏的中心区背景。

第三，三个生活组团各有食堂、浴室和商店等服务设施。校园西侧为专家公寓，紧邻大黄山公园。在校园的自由式构图中，由张与弛、疏与密、刚与柔的形式与空间的对比，产生校园的形式感和场所感，并成为被社会认同的城市地标。

7.1.2 道路系统开放化

与规划结构社会化相应，道路系统呈开放化趋势，即校园主干道能非常方便地将校内向社会开放的建筑与城市相连；其他道路结合环境设计，留出有机的滞留空间，真正使人感到舒适、自由、悠闲，融交通、观景、休息于一体。

总院校园的交通流向主要分为三类：第一类是主导流向，从宿舍到食堂、到教学楼，其特点是流量大、集中、有规律、阵发性，以步行为主，自行车为辅；第二类是次级流向，宿舍到运动区、分院到总院、分院到分院等，其特点是流量小，不集中，规律性不强，步行和自行车并重；第三是偶发性流向，校外到体育中心，其特点是瞬时流量大，具有偶发性，机动车居多。

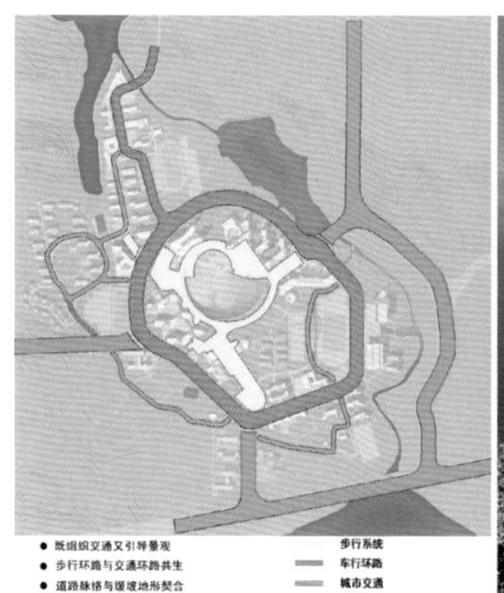

图 7-7 金华理工学院总院道路系统图

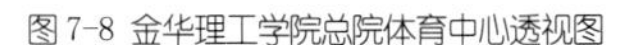

图 7-8 金华理工学院总院体育中心透视图

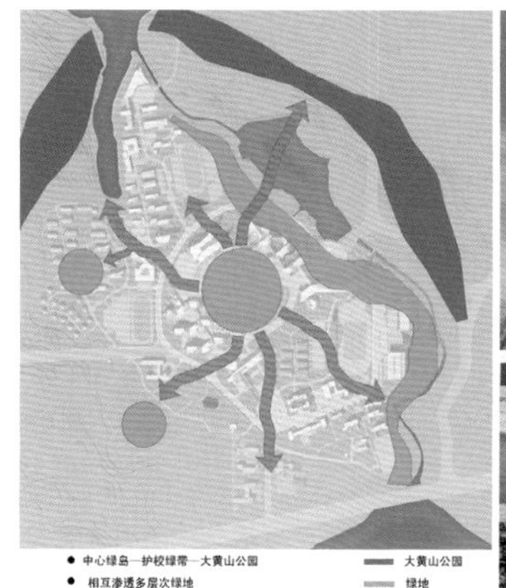

图 7-9 金华理工学院总院绿化系统图

图 7-10 金华理工学院总院中心绿岛透视图

主导流向须便捷直达，偶发性流向能迅速疏散，减少机动车对步行区的干扰。设计遵循四个原则：第一，统一性原则，遵循组织交通、合理分区、创造观景的三统一原则进行路网规划；第二，安全性原则，以人为主、人车分流，限制车行区域，分设道路环线，减少相互交叉；第三，便捷性原则，以主导性为主的道路尽可能直达，以车流为主的道路适度曲折，达到减速、限速提高环境的完整性；第四，舒适性原则，道路与景观相结合，邻水穿林、曲折幽静、对景生情，营造观赏空间（图 7-7、图 7-8）。

7.1.3 绿地水面兼容化

在规划中，通过一泓曲水，将校园环境融入了漫塘、金大塘与湖海塘的整体场景中，进而延伸到历史久远的“双溪”。

同时以外环道路作为区分动静、人车、内外等功能属性的界限进行基本分区，“动”和“车”在外，“静”和“人”在内，通过广场、院落、绿带、水面等空间元素进行有机渗透，达到适度联系，并完成校园环境从外到内的渐变与动静转换，使教学核心区保持舒适、宁静的氛围（图 7-9、图 7-10）。

图 7-11 金华理工学院总院南侧鸟瞰图

由曲水绿岛辐射出来的环形绿带，与大黄山公园相呼应，并因其向社会适度开放而成为真正的城市绿廊，校园景观与城市相互因借。

以绿为中心的规划指导思想，突破了封闭的校园界线，引入大黄山公园共同构成城市尺度的绿色体系，校园、城市相互共享而达到环境资源最有效的利用。变单纯的景观绿地为融绿于校园生活之中的绿地规划，充分发挥环境对师生性情的熏陶作用。

贯穿校区中部的环形绿地，将大黄山公园的绿和水引入，同时也成为城市尺度的“绿环”，达到校园精华与城市绿色资源共生共享。同校园结构共生的环状绿带显现校园的脉络，同时产生了步移景异的观景线，如触角般渗入各空间结点的绿，创造了空间气氛和环境标识性。

校园的绿化系统突出了大学校园环境情境的营造，正符合了信息网络化时代校园环境也是“教室”的教育理念，追寻“苔痕上阶绿，草色入帘青”的意趣，让师生真真切切地感受到绿色的存在而不仅仅是欣赏；表达了高等院校不仅需要传授知识技能的教学设施，更需要陶冶品性、身心全面发展的生活环境的总体规划思路（图 7-11）。

图 7-12 江西工业工程职业技术学院基地地形起伏

图 7-13 江西工业工程职业技术学院基地现有水塘

7.2 空间赋形与交流促成

作为江西萍乡市最大的高等院校，江西工业工程职业技术学院历经煤炭部萍乡煤矿学校、江西煤矿学院、江西省煤矿工业学校和江西省第一工业学院等阶段的积累后，2004 年经国家教育部批准升格为职业技术学院。根据学校的发展需要，在安源经济开发区通久路以东、玉湖路以南、320 国道以北建设新校区，基地东面有保护林带和规划道路。规划总用地面积 666700㎡，规划总建筑面积为 273000㎡。

在江西工业工程职业技术学院的设计中，把更多的关注集中在校园空间级配的组织上，使校园空间在大、中、小等多个层面上为师生的交流提供多种适宜的场所，结合各层次空间的形态和使用模式的推敲，满足师生大型集会、班组小聚、独自静思等多种需求，从而使校园的空间能促成师生的交流，师生的交流演绎着成长的故事，成长的故事串起了学校的生活。设计力求从三维空间构成方面研究校园空间体系，提高校园空间形态的质量，寻求特定校园的独特风貌，激活校园空间的能量，促成师生的广泛交流，从而提高整个校园的品质。

7.2.1 浏阳之南，井冈之北

江西萍乡地处浏阳之南、井冈之北，因秋收起义和安源煤矿闻名天下，一直是一个充满传奇色彩的地方。

新校区基地呈现不规则的丘陵状态（图 7-12），地形起伏之间，海拔高度相差 40 多米。基地内散落了几处清幽的水塘，整体山势呈现明确的中心围合感（图 7-13），由此也引导了校园整体的空间骨架和恢宏的气势。

对于这样一个地形复杂和原生态景观良好的基地，设计针对具体的基地环境特征与生态结构以及革命老区的实际情况，围绕土方平衡、道路交通、坡地利用、景观组织、特色营造、资源共享等六个方面展开，而这些问题，都是与现存的基地环境和即将生成的校园空间形态直接关联的（图 7-14）。

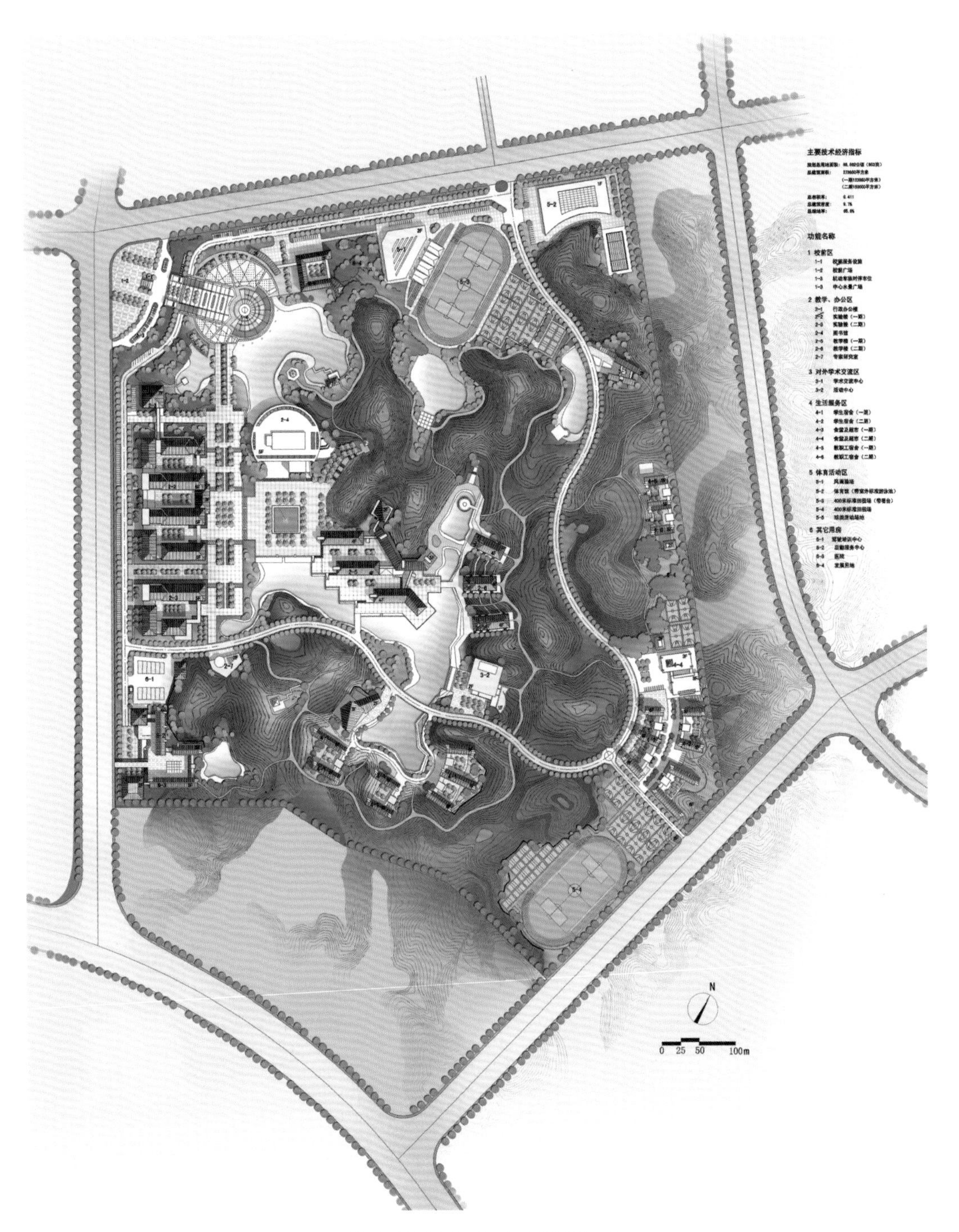

图 7-14 江西工业工程职业技术学院总平面图

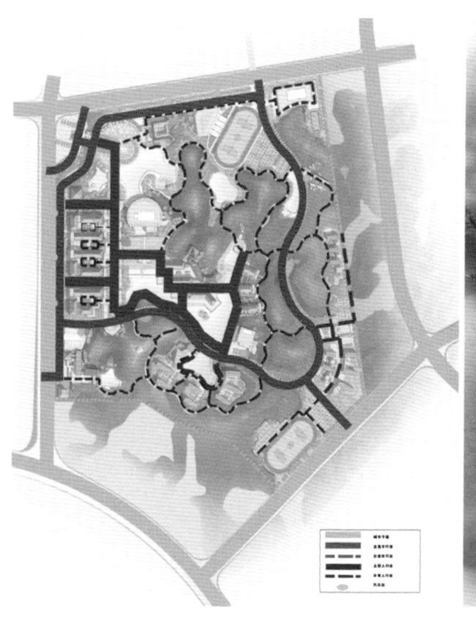

图 7-15 江西工业工程职业技术学院交通分析图

图 7-16 江西工业工程职业技术学院总体鸟瞰图

土方平衡的关键是如何通过校园建筑单体及组合体的不同落地布置，最大限度地减少对原有地形的破坏，使校园空间有一组适宜的竖向定位，并与周边城市区块合理衔接。道路交通设计须结合不同的地形坡度合理组织道路系统，充分考虑道路与山体环境及建筑出入口的高程关系，与城市道路联系顺畅。坡地利用即如何充分利用现有不同的地形、地貌特点，结合不同建筑的功能特点，发挥土地利用的有效性。景观组织讲究根据不同的建筑功能及景观朝向的需求来合理分布各功能区，营造得景时亦成景的新环境景观。特色营造的核心是把握基地特有的地势特征，创造出独具特色的校园形象。资源共享则要求校园在满足校园功能配套建设的基础上，使其中的部分资源与城市共享。

7.2.2 校园空间的赋形和级配

基地内山丘起伏，大致平整的地块在山丘对峙间、由基地西端呈镰刀状向东蜿蜒。鉴于西侧城市主干道通久路北端与基地平整处大致等高，而南端高出基地近 5m，设计将校园主入口布置在基地西端，既顺应了地势，又使校园主入口与城市道路衔接顺畅。考虑到入口对着通久路与玉湖路的交叉口，开向两条道路的车行道出入口都退让出规范所规定的距道路交叉口的距离，同时也退让出一个校前广场，这是校园与城市交互的界面。

把主要的体育区布置在基地北侧并在北侧朝玉湖路开设次入口，满足城市总体规划中该基地北面地块对学校体育资源共享的需求。将后勤服务、医院等内容布置在基地西南部，并在二层与通久路相接，既与城市联系方便，又减少土方量。另外，在基地东侧布置二期建筑，设置次入口。在校园中设置环线作为交通主干，各功能组团串联在环道上（图 7-15、图 7-16）。

设计以 200m 左右作为课间活动的步行半径来控制各功能组团之间的步行距离，组建一个便捷适宜的校园步行结构体系。基于错综复杂的地形，在车行环道的骨架上安排翻山步行小道，实现交通系统的多层次、多路径、高通达（图 7-17）。

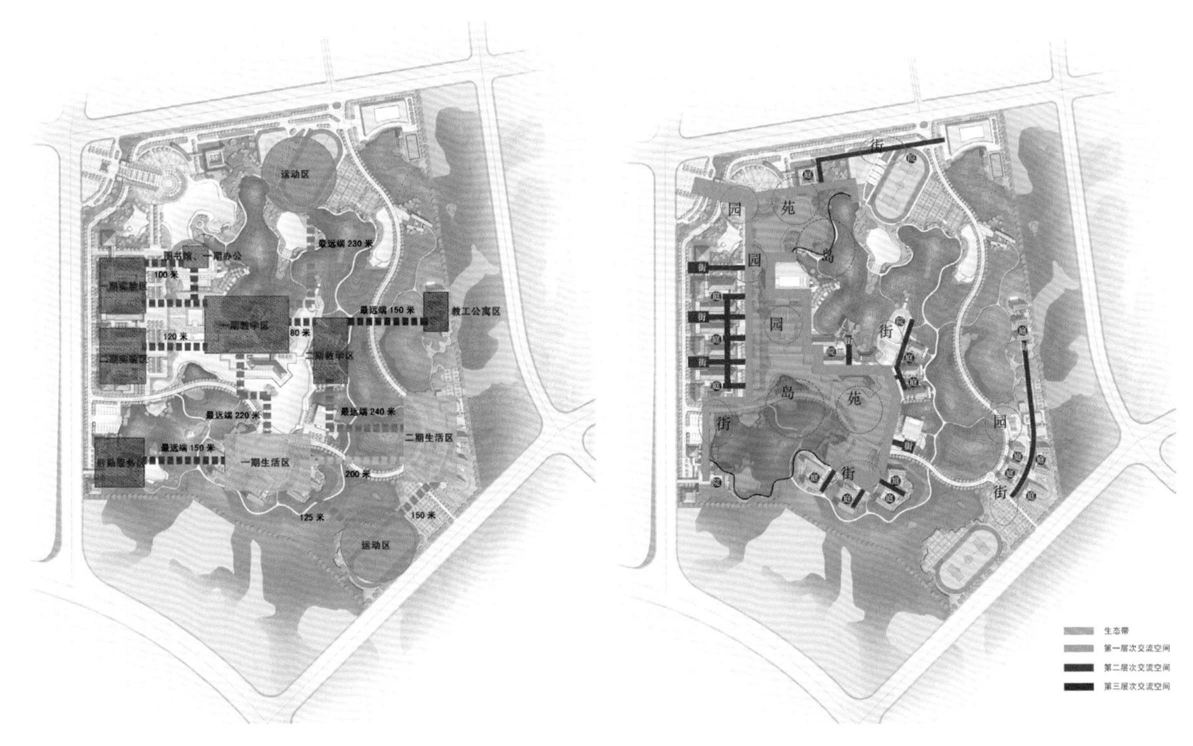

图 7-17 江西工业工程职业技术学院步行距离分析图

图 7-18 江西工业工程职业技术学院空间级配分析图

山形是既定的，而水体则需要整合。考虑到湘赣边界春夏之季多有暴雨，从山头向低洼处冲泻而下，若校园中没有足够的蓄水容量，必有水患。设计将现有的水塘连为一体，根据萍乡当地水文资料与暴雨量计算来控制水体面积与深度，在近岸处用卵石铺砌，枯水期则作为亲水步道。

设计结合了自然与人工环境要素，借鉴传统园林意趣，营造婉转深邃的校园空间序列，通过“岛、苑、园、街、院、庭”的空间级配，形成丰富的校园空间层次来满足师生不同形式的交流需求（图 7-18）。

校园中每个局部空间都是校园整体环境的一部分，应符合整体空间体系的级配要求，设计在斟酌局部空间时都放在校园整体环境背景中去审视，使之成为校园空间序列中的适宜节点。结合地形设置中心水景广场、思辩广场、春华秋实园等大型的活动空间，创造空间使用特点的多样性、混合性和共享性，相对集中地聚集人气，与水街、庭院等中小空间形成级配与对比，使各种空间在热闹与宁静之间取得动态平衡，体现校园整体活力。

形成独特的空间序列是丰富空间形态的具体体现，在设置远眺、环顾、近观等观景点时，“岛、苑、园、街、院、庭”等各层次空间注重“观与被观”的关系，并与校园路网衔接顺畅，让师生能便捷地参与其中的各项活动，分享活动资源。校园活动空间的设计中尽量保护基地生态原貌，充分考虑植物多样性和运用乡土树种，维护校园与原初环境的生态依存关联。

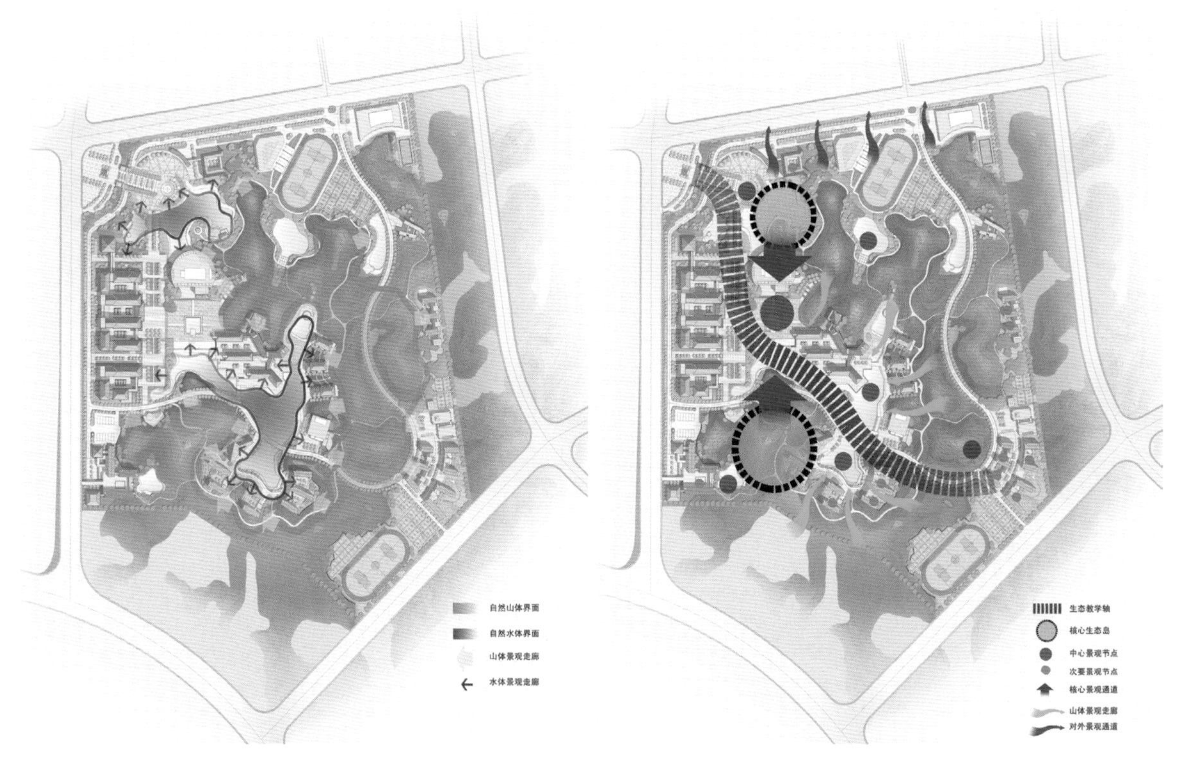

图 7-19 江西工业工程职业技术学院山水景观界面分析图

图 7-20 江西工业工程职业技术学院空间形态分析图

7.2.3 师生交流的多元与促成

空间赋形的重点在于充分发挥山水灵性，不是仅仅停留在欣赏，而是真正将校园的生活融入其中（图 7-19）。整个校园布局疏密相间、张弛有度，结合山势环抱增强校园空间的围合感，丘陵、建筑、水面相得益彰，形成轻松自在、富有自然山水情趣的空间气氛，而师生的交流也由此展开（图 7-20）。

从整个校园空间序列来看，校前广场、中心水景广场、春华秋实园、思辩广场、水街、生活广场以虚串实，通过这顺着山形水势蜿蜒的空间主轴线引导着校园空间的序列。这与自然山水呼应的第一层次交流空间是与城市共享的大尺度界面，适合全校性的大型群体活动与集会。

山形水势向建筑内部渗透形成中尺度的界面，与校园脉络共生，是第二层次交流空间。这以线的形式存在的中尺度交流空间类似于一个城镇的里弄，与校园整体的面相比显得相对平缓，师生在这样的空间中随意闲聊、不经意地邂逅，少了一分严肃与拘谨，多了一些放松与和谐，思维的创造性、灵感的火花由此引发。

与庭院空间相融的第三层次交流空间是小尺度的界面，在这个“点”的层面上，尤其注意庭院的围合，庭院向外为实、在内为虚，并直接与室内空间贯通。在这种小尺度中，人与人之间的距离达到亲近的范围，亦适合一人闲坐静思。

图 7-21 江西工业工程职业技术学院景观形态意象分析图

图 7-22 江西工业工程职业技术学院模型与校园实验楼、活动中心透视图

同时，婉转曲折、便捷畅通的步行体系组织，使步行空间在水街、曲径间转换，形成步移景异的观景线。通过环山、环水两组步行体系的设置，使得师生对校园的认知建立在多角度、多层次、多方位的理解上。绵延于山体之间的幽幽曲径宛如将整个校园托于一朵绽开的荷叶之上，为师生营造出一个充满诗意的教学生活环境，达到以景怡人、以景育人的景观效益（图 7-21）。

校园场所的可识别性体现在形态和使用模式两个层次上，即可以在这两个层次上分别加以认知。师生或许只因欣赏其美感而明显地感觉到一个场所的形态，同样，即使不过分关注形态也可领会到一个场所的使用模式。但形态与使用模式若能互补，则可最大限度地发挥一个场所的潜力，这对新生尤其重要，他们要尽快地对一个校园场所产生明确的印象。

事实上，人类总是以某种方式寻求朋友，寻求群体共存的地方，所以喜欢交流的气氛。校园就是师生共存、交流的地方，设计要为师生的交流创造条件，使校园空间能适应多种不同用途，不只限于单一固定功能，从而使之具有一种被称为活力的特性，且让师生有选择的余地。江西工业工程职业技术学院的设计试图在理性细致中融入浪漫活泼、充满活力的情感，将情理合一的校园构筑于萍乡特定的山水之间，组织出一幅青山绿水灰白楼的建筑画卷（图 7-22）。

7.3 创造性共生

纵观中外高校的发展史，便可发现有怎样的教育概念，相应就会出现怎样的校园规划思想和校园环境。

如早期单一学科的书院、工业革命后专业化教育的分科系校园模式，以及当今由于新的技术革命的冲击和新的教育观念的形成而出现的开放型校园环境等。所以，只有更好地了解不断发展的教育概念及其发展模式，方能做出既满足当前需要又适合今后发展的校园规划[1]。

由于知识的衰减速度逐渐加快、更新周期在不断缩短，新型的师生、同学关系是建立在信息的传递、知识的更新互补，甚至是方法论的互补上，须通过彼此的接触来拓宽自己的知识面，丰富想象力，强化思辩能力，走出“知识保管型”的桎梏，成为“智能开发型”的人才。学科之间不再是隔行如隔山，边缘科学的突飞猛进，迫切需要知识广博、兼收并蓄的人才。

同时，社会需求对高校的反馈作用不断加强，高校的科研与教学也不断地对社会的知识结构加以引导。就个人与社会、高校的关系看，学习和工作的联系愈加紧密，到社会的实践与到高校的进修是一个不断循环的过程。

校园设计并不复杂，因为其中无须太多的流程或要求；校园设计分量很重，因为这里蕴涵无穷的期待和希望[2]。追溯校园的本源，其目的就是为师生提供一个交流的场所，正是在交流的过程中，老师与学生之间完成了教与学及教学相长、学生相互之间进行着思与辩及思辩相生。

---

[1] 董丹申，李宁，楼宇红，王健．苔痕上阶绿，草色入帘青——金华理工学院总院总体规划回顾[J]．建筑师，2000(2)：37-41.

[2] 李宁，王玉平．构筑于山水之间——江西工业工程职业技术学院新校区规划与建筑设计[J]．华中建筑，2006(8)：43-45.

第　八　章

触目皆菩提　水月两相忘

图 8-1 露珠：一滴如大海

设计之后总是能有许多言语来描述设计的构思，或许设计的缘由并没有事后所描述的那么复杂，可能起因只是想通过建筑来平衡诸多需求上的矛盾，然后就一步步顺势推演下去。

图 8-2 安庆博物馆区位图

图 8-3 安庆振风塔

8.1 荷叶露珠

安庆市位于安徽省西南部、长江下游北岸，素有“长江万里此咽喉，吴楚分疆第一州”之称。长江流域安徽段亦称皖江，八百里皖江哺育了这里的古镇新城，也成就了这里的文化积淀，安庆是其代表。自先秦至今，皖江文化代代相传，内容丰富、底蕴深厚，与其东部的徽州文化、北部的淮河文化各领风骚。徽州文化是新安江上源的山区文化，内向、凝练；淮河文化是淮河流域的平原文化，平远、辽阔；皖江文化则呈现更多的是开放性、多元性和融通性，展示了当地文化和外来文化的碰撞、融合，清朗婉约、飘逸空灵。外来文化的交流、促进、渗透、相融，使皖江文化不断自我超越，形成强大的文化感召力和感染力，正所谓“其始也，为精微；其积也，为厚学；其华也，为奇葩”；全国五大剧种有两个得以在此孕育、生成，禅宗能在此发展、成形，皆与其文化积淀密切相关（图 8-1~图 8-3）[1]。安庆博物馆作为展现皖江文化和安庆精神的载体，承载着唤醒城市记忆、振兴城市文化和传承城市精神的使命。基于对安庆皖江文化的思考，设计挖掘皖江文化的内在特质，梳理安庆城市环境脉络，意在通过建筑空间与城市环境的整合来体现其文化内蕴。

安庆博物馆地处菱湖公园风景区，西面与北面为菱湖公园水面；南接黄镇陈列馆、再南面就是菱湖南路；东为规划道路、路东面是安庆市体育馆、科技馆和居住区，主要车流和人流由东面往来。博物馆总用地面积 200000㎡，总建筑面积 13500㎡。

[1] 李宁，王玉平，姚良巧. 水月相忘——安徽省安庆博物馆设计[J]. 新建筑，2009(2)：50-53.

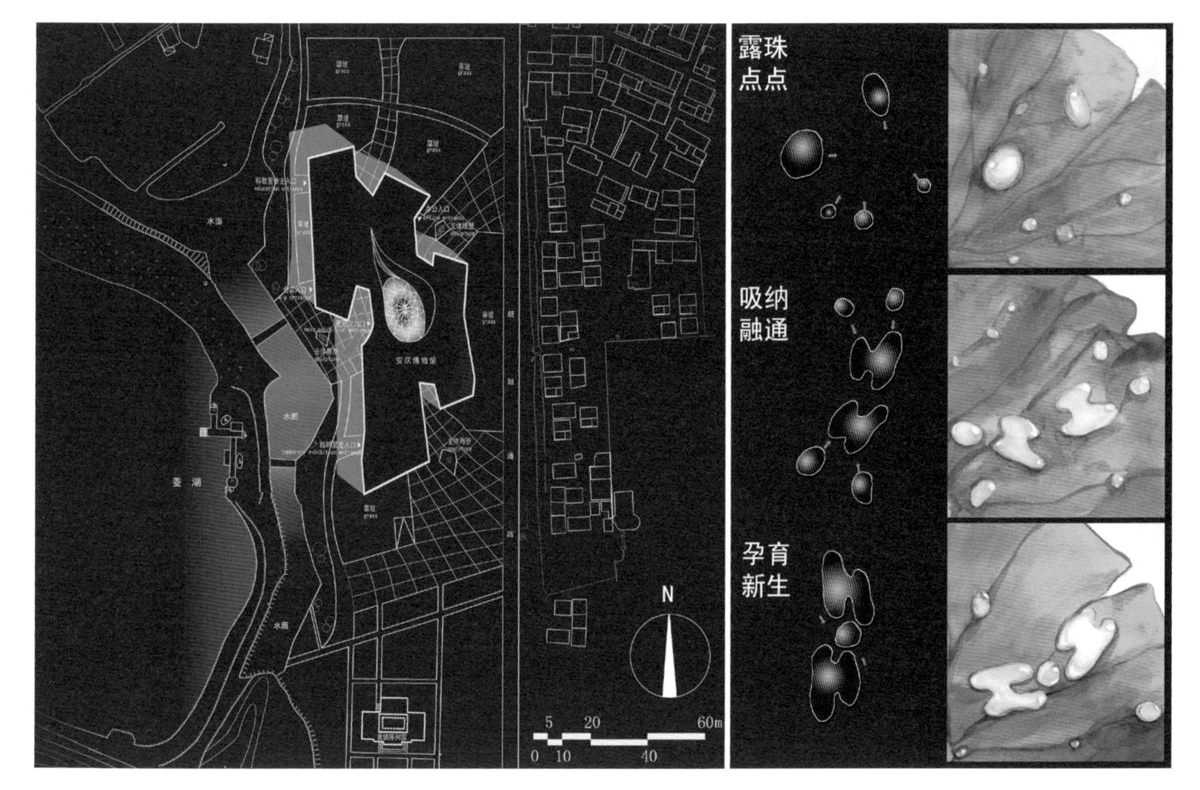

图 8-4 安庆博物馆总平面图

图 8-5 安庆博物馆设计意象分析

8.1.1 开放的平台

皖江文化对外开放，对内则是融通。唐宋以来，大批移民给安庆带来了外来文化，融入当地之后催生了新的生命。博物馆形态的灵感来源于荷叶上的点点露珠，水滴之间不断碰撞、融合催生出新的形态（图 8-4、图 8-5），生动地演示了博物馆空间构成的内在逻辑，形象地映射出“坐集千古之智”的皖江文化的哲学思辨。在确定了“融”的立意之后，博物馆形态的生成，则是对立意深化以及对基地分析的结果。

设计将博物馆置于基地居中位置，南侧布置活动广场，北侧为预留发展用地。车流与人流主要考虑从东侧规划道路进出，西侧沿菱湖步行带是辅助的人行界面。设计对各功能区块在竖向上加以划分，使之既相互独立，又联系方便。地下室为文物藏品库房区和文物保护区；一层为科研宣教区、公共服务区，以及三层通高的水滴中庭；二层北侧布置办公、南侧为临时陈列展厅；三层为主要的陈列展示区。通过底层局部架空，将交通流线进行整合，实现了高度的开放性与通达性。

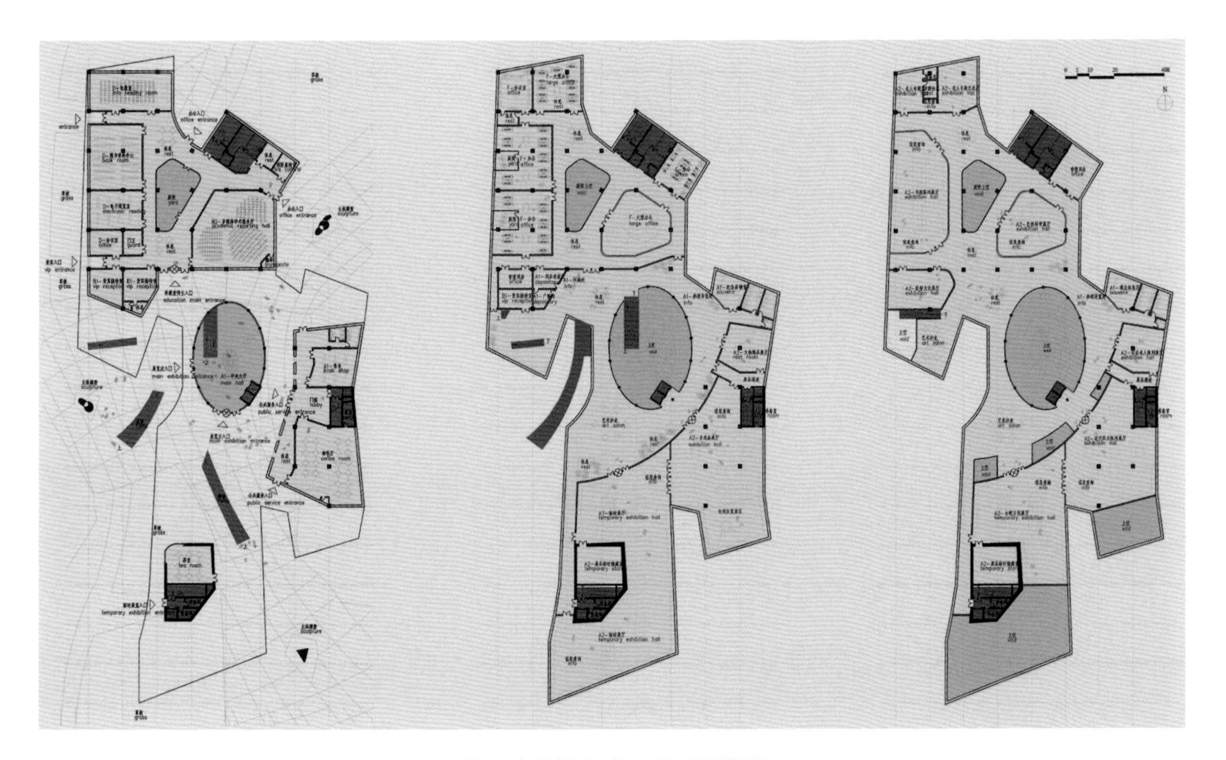

图8-6 安庆博物馆一层、二层、三层平面图

主要参观入口在中部的水滴中庭处，公共教育区入口在中庭北面，临时展览的参观入口在西南临湖侧，办公和专业人员入口在东北侧，贵宾入口在西北临湖侧，藏品入口结合地下车库设置在地下室。

开放融通的皖江文化是贯彻设计始终的线索。有别于徽州建筑的四水归堂、深宅高墙，安庆博物馆向基地敞开，营造了一个开放、充满活力的公众交流平台。大尺度的底层开放空间、水滴型的中庭、平缓的坡道，实现了建筑空间、参观流线、景观视线的全面敞开，加强了博物馆与周边环境的对话关系，构筑了一座城市的文化客厅。本土与外来、传统与现代，在这里自由地碰撞交融，展示着城市的文化活力（图8-6）。

8.1.2 水中的戏台

从总体关系上来看，博物馆不规则的空间界面和拙朴的姿态对周边具有较好的容纳度，使博物馆成为与环境浑然一体的场景构件。外实内虚的建筑构成，产生了强烈的空间张力，象征着刚

（上）图 8-7 安庆博物馆沿湖透视图　（下左）图 8-8 安庆博物馆南侧透视图　（下右）图 8-9 安庆博物馆入口广场透视图

毅进取的皖江精神。空灵不失稳重的形态，似一座漂浮于水面的城市戏台，与穿梭其间的观众共同构成了生动的城市场景，从而形成菱湖上一道独特的人文景观（图 8-7~图 8-9）。

整个基地的景观设计强化了荷叶的概念。铺地与草坡简洁明晰，如绽放于水面的荷叶，经络分明，从建筑的中心向整个场地有机延伸，进一步烘托了博物馆简约清新的时代气息。整个景观格局强调了与水面的开敞对话关系，在尺度上也是对菱湖大环境的积极回应，使博物馆成为公园地景的一部分。

8.1.3 历史的砚台

东土禅宗六祖中的二祖、三祖、四祖均在安庆传禅，可谓“禅宗传东土，皖地开宗风”。禅宗以重现本心为终极关怀，讲究从一声蛙鸣、一丛翠竹、一镰月色、一朵黄花中悟入大道；以心传心，离言说相，不著文字，直指人心，见性成佛。

这种感受效应，可以对应在人们对建筑的理解之中。寻常大众不必去寻找关于建筑的高深莫测的解释，建筑本身应负载哲理于直观之中。

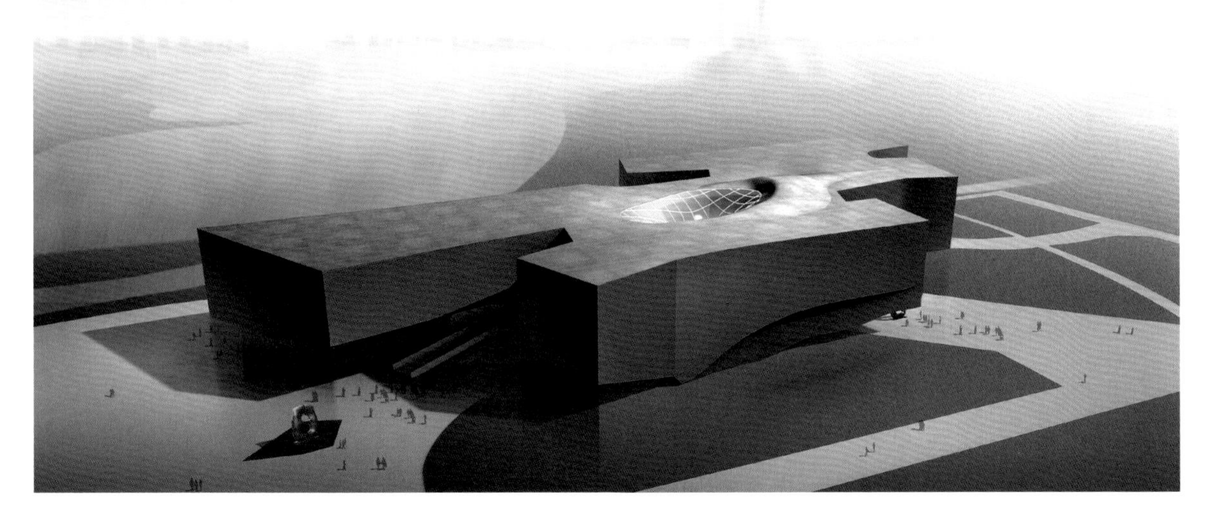

（上左）图 8-10 安庆博物馆水滴中庭透视图　（上右）图 8-11 安庆博物馆夜景透视图　（下）图 8-12 安庆博物馆鸟瞰图

安庆博物馆的设计试图追寻这种空灵的境界：水月相忘，方可称断。正如雁过长空、影沉寒水，雁无留踪之意，水无留影之心；宝月流辉、澄潭布影，水无蘸月之意，月无分照之心。博物馆形体采用朴实有力、自由舒展的自由体块包容着内部玲珑剔透的空间，体现其刚柔相济的特性（图 8-10、图 8-11）。

外墙采用石材，屋顶采用缓慢起伏的水滴形玻璃屋面，博物馆宛若一方巨大的历史砚台，在山水相依中孕育着这块土地上一代代皖江才俊，折射出安庆深厚的文化底蕴（图 8-12）。

光环境是博物馆设计的重要内容，博物馆砚台般的形体形成了独特的光环境序列变化。入口水滴中庭为明亮的自然光环境空间，展厅为人工的光环境空间，因形体变换而产生的多层次空间则营造出渐变的光环境，在视觉以及心理上给观众带来高品位的空间与光的体验，大方无隅、大音希声。

城市的凝聚力和发展潜力取决于市民对城市文化与城市精神的认同度，在当今时代发展的潮流中进行创造性转化与创新性发展，是皖江文化复兴的潜能所在。

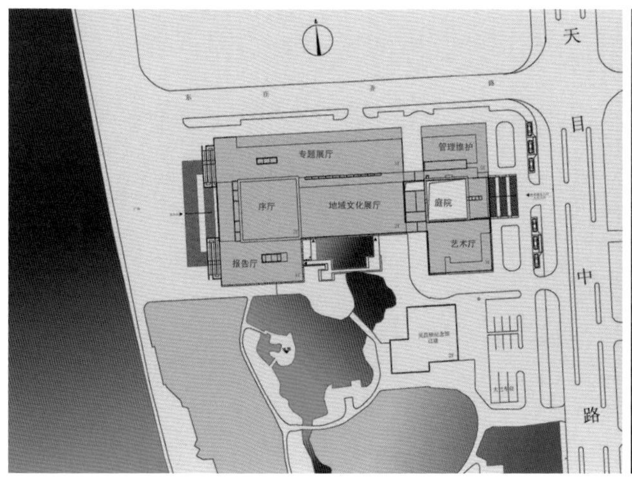

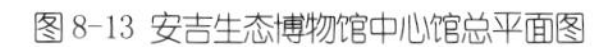

图 8-13 安吉生态博物馆中心馆总平面图

图 8-14 安吉生态博物馆中心馆南侧庭院水景（赵强 摄）

8.2 城市印章

浙江安吉县作为“绿水青山就是金山银山”科学论断[1]的提出地点，十多年来更是把美丽安吉作为可持续发展的最大资源，维护绿水青山、做大金山银山，不断丰富发展经济和保护生态之间的辩证关系，在实践中将“绿水青山就是金山银山”化为生动的生活现实，并成为千万群众的自觉行动[2]。

2008 年起，安吉启动“中国美丽乡村”建设，提出了把安吉建设成“村村优美、家家创业、处处和谐、人人幸福”的美丽乡村，并在建设中力求保护和发掘自然与文化遗产。

与此同时，在国家文物局的指导下，开始了中国安吉生态博物馆的建设实践，将县域范围内最具特色的人文、生态资源纳入展示范围，系统地展示安吉的文化传承脉络。

如今，在安吉的山峦秀水间，一个由 1 个中心馆、12 个专题生态博物馆和 26 个村落文化展示馆共同组成的安吉生态博物馆群，覆盖了全县范围。安吉生态博物馆中心馆位于安吉县城的昌硕公园区块，北至胜利路，南至昌硕路，东至天目路，西至递铺港（图 8-13），总用地面积 10058㎡，总建筑面积 15414㎡，包括地域文化展厅、专题展厅、临时展厅和辅助用房等四部分内容，馆藏文物 2 万多件（图 8-14）。

8.2.1 传承自文化长河的印章

浙江安吉县北濒太湖、南临天目山，境内苕溪淙淙，山川环抱，是南太湖文化之“西苕溪时代”文明的主要发源地。自旧石器时代始，人类的足迹已遍及整个苕溪流域，安吉人民自古以来就注意生态保护。生态博物馆是一种以特定区域为单位、没有固定边界的“活体博物馆”，它强调保护、保存、展示自然和文化遗产的真实性、完整性和原真性，以及人与遗产的活态关系。自生态博物馆这个概念出现以来，各国博物馆学者从自身的理解和需要出发，对其作出了不同而不断变化的界定。

---

[1] 赵建军，杨博．“绿水青山就是金山银山”的哲学意蕴与时代价值[J]．自然辩证法研究，2015(12)：104-109.

[2] 王金南，苏洁琼，万军．“绿水青山就是金山银山”的理论内涵及其实现机制创新[J]．环境保护，2017(11)：12-17.

图 8-15 安吉生态博物馆中心馆东侧街区场景（黄海 摄）

结合不同地区的情况，我国的生态博物馆建设与发展已经历了特定民族地区、农业地区、城市特定区域等不同类型与发展阶段，对促进遗产保护和利用、地方发展，以及对博物馆概念与功能的演变产生了巨大的影响[1]。安吉生态博物馆中心馆作为一座兼具历史文化底蕴和现代功能的城市客厅，将成为研究南太湖西苕溪文明和中国竹乡民俗文化的重要基地（图 8-15、图 8-16）。

营造中心馆的同时，12 个专题生态博物馆和 26 个文化展示馆以原真、活态的形式分布于各个乡镇和村落。安吉生态博物馆群从总体到局部，从南太湖西苕溪文明到书画文化、孝文化、手工造纸文化、桥文化等诸多方面，全面展示了安吉的历史渊源和现代成就，并在中心馆的统筹下呈现出各具特色的一镇一韵、一村一景的多元文化景观。安吉境内的苕溪历经千万年的流淌，至今仍在诉说着当地古老的历史；中心馆设计对安吉地方文化传承中独特的金石文化进行借鉴与诠释，取印章意象，苍劲浑厚，意趣隽永。安吉所发现的遗址与出土的文物，更向世人揭示了在这片土地上旧石器时代文化、良渚文化、吴越文化等一脉相承、亘古不断的文明历程[2]。

中心馆南侧昌硕公园有一汪幽曲的水面，建筑如印石滨于曲水，将公园水景纳入展厅，室内外空间引领参观者对生态、对自然、对历史进行重新审视和思考。利用水系营建苕溪意象，印章与曲水寓意着安吉的西苕溪文明在古苕溪流域、在历史的长河中延绵，将文明的种子洒向肥沃的土地，并给人们新的启迪。

1 潘守永．生态博物馆及其在中国的发展：历时性观察与思考[J]．中国博物馆，2011(1)：24-33.

2 胡慧峰，李宁，方华．顺应基地环境脉络的建筑意象建构——浙江安吉县博物馆设计[J]．建筑师，2010(5)：103-105.

图 8-16 安吉生态博物馆中心馆总体鸟瞰（黄海 摄）

中國·安吉生態博物館

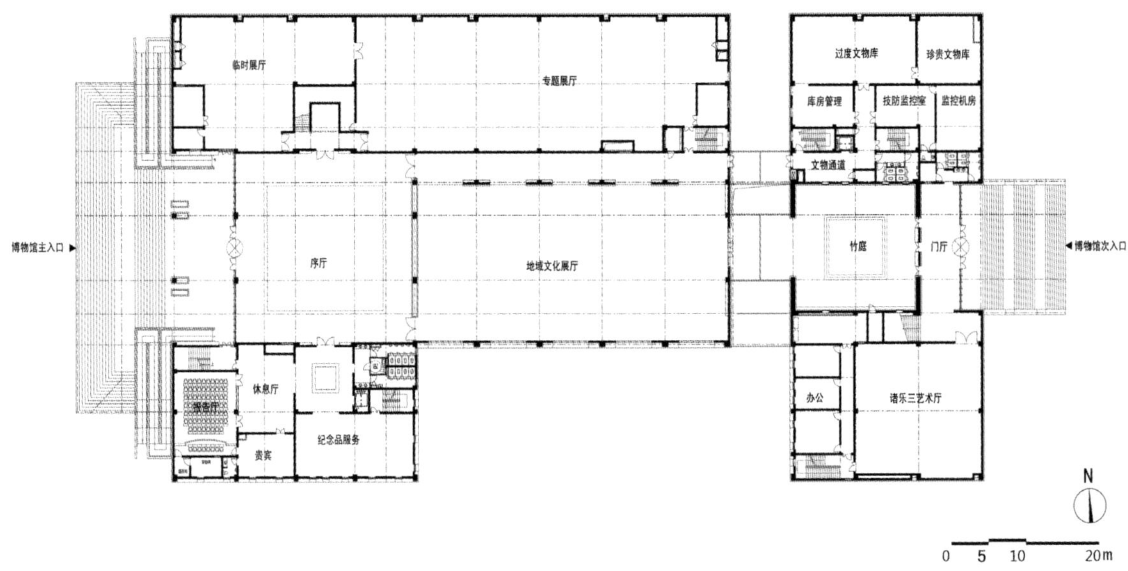

图 8-17 安吉生态博物馆中心馆二层平面图

二层是主要展陈空间，以序厅、地域文化展厅和竹院为核心来布置，流线以序厅为枢纽进行组织（图 8-17）。序厅以光为主题，试图捕捉光在建筑内部刻画的痕迹；地域文化展厅以地域为线索，印记着历史在建筑内部穿梭的笔触；竹园中竹影扫阶，安静而富有禅意。中心馆地域文化展厅充分体现和情景交融的参观方式，该展厅的内容也相当于各乡镇、各村落展区的总目录。

8.2.2 镌刻了历史纹饰的印章

生态的涵义既包括自然生态，也包括人文生态。安吉肥沃的土地在苕溪的滋润下孕育了清适幽逸、与自然和谐共生的文化传统，这种传统至今仍传承在当地的土壤中；这是地方文化传统的种子所萌发的新芽，是现代人们传承古老文明所取得的硕果。中心馆借鉴篆刻艺术，印身的主题为战国玉龙佩纹饰。原始纹饰经抽象运用在建筑中，使之成为记载文化的碑石。外墙面采用棕色花岗石，并通过三种深浅色调相互穿插，结合局部采用的木纹铝合金幕墙，呈现肃穆古朴的建筑肌理。

设计期望建筑能够形成一种从传统文化中生长出来的视觉意象，外界面以安吉最具特色的纹饰进行整合，并赋予极强的现代感。历史纹饰和现代建造相互交织，既厚重又轻灵，正如当地文化发展与传承一样（图 8-18）。中心馆主入口设于港东侧，主入口后边的序厅与昌硕公园相对应，通过将展厅与院落空间相结合的组织方式，形成抑扬顿挫、虚实相生的空间样态。博物馆的展示是通过一系列的感知和事件被人们所体验的，适宜的设计不仅要决定空间序列高潮的特征，而且对其出现的时间、强度、材质感触、演进过程都须由外而内地统筹安排。

8.2.3 熔铸于时空洪炉的印章

古老安吉留下了丰富的文化遗产，当地人们注重生态、与自然和谐发展的生态价值观是当地传统文化的重要组成部分。将一直延绵不断的传统文化展示和价值观展示结合在一起，更符合博物馆文化交流、教育的功能需求。这是一条时间的线索，对应着博物馆设计对城市传统延续的理解。

图 8-18 安吉生态博物馆中心馆夜景（黄海 摄）

图 8-19 安吉生态博物馆中心馆序厅（黄海 摄）

图 8-20 安吉生态博物馆中心馆展厅内景 1（黄海 摄）

图 8-21 安吉生态博物馆中心馆展厅内景 2（黄海 摄）

空间线索串联了展厅空间、院落空间以及城市区域空间，以情境展示为主的地域文化展厅成为线索发展的高潮，联系着室内外空间的发展。有序的空间序列能指示方向、创造节奏、渲染情绪，设计力求使博物馆的内外部空间通过序列所蕴涵的运动和趋势，介入现在这个时间段的安吉发展场景之中，体验博物馆在时空中的起承转合（图 8-19~图 8-21）。

设计将中心馆理解为由时间和空间相互交织熔铸而成的印章。空间，是由特定界面形态组合来界定的，是营造场所的物质基础；时间，既虚又实，是空间演变的见证。同时，时空又是不可分的，作为一个整体，共同熔铸出博物馆的外表与内核，彰显着安吉的过去、现在与未来。

传承与创新是建筑设计的老话题，须因时、因地而宜，不变的原则是满足当地的整体性需求、满足文化传承的需求、满足新时期功能发展的需求和满足造价适度合理的需求（图 8-22）。

图 8-22 安吉生态博物馆中心馆主入口场景（黄海 摄）

博物館

8.3 包容性讲理

如今日益发展的建筑技术，使得设计的可能性越来越多，但设计并非一味地追求更新的建筑技术，而是要考虑所运用的建筑技术是否适宜。在很多情况下，并非没有某种建筑技术，而是采用该技术的代价是否可以承受或者性价比是否合适[1]。

安庆山水积蕴的道意逸风，上继老庄悠然自得、逍遥世外的出世境界，下契任情率真、不为物累、心与云闲之野趣，表现出一种回归自然的恬淡情怀。安庆博物馆设计体现了对传统皖江文化创造性转化与创新性发展的思考：古皖都，京剧源，黄梅戏之乡；长江边，菱湖畔，露珠落玉盘。

安吉生态博物馆群建设最大的意义在于使文化遗产和与之相关的生态环境得到整体的、原真的、活态的保护。安吉生态博物馆中心馆是其中一个核心部件，如同传统文化在特定时空阶段的一枚印章点缀在安吉城市之中，又统领着各乡镇、各村落的专题生态博物馆和村落文化展示馆，从而将馆内的藏品与馆外的原真、活态陈列品紧密相连，将自然生态资源与历史人文资源融于一体。进而，从传统博物馆的馆舍走向丰富多彩的大千世界，突破可移动与不可移动的物品之间、信息与实物之间的障碍[2]。

设计之后总是能有很多言语来描述设计的构思，或许设计的缘由并没有事后所描述的那么复杂，可能起因只是想通过建筑来平衡诸多需求上的矛盾，然后就一步步顺势推演下去，这似乎正合“水月相忘”的意趣了。

博物馆作为一个体现城市特性的重要节点，本身就是一件反映历史传承的展品、一处公众交流的平台、一个可以识别的文化符号，而不单是一个用来收藏与陈列实物的空间。

---

[1] 沈济黄，李宁．基于特定景区环境的博物馆建筑设计分析[J]．沈阳建筑大学学报（社会科学版），2008(2)：129-133.

[2] 刘渝．中国生态博物馆现状分析[J]．学术论坛，2011(12)：206-210.

第　九　章

看山还是山 看水还是水

图 9-1 云南禄丰恐龙谷的第一缕阳光

地形本是大自然的风霜雨水经年累月不断雕蚀的结果，镌刻了最朴实的自然之美。其中也有人类局部改造的因素，但必定是遵循自然之道的，否则自然力很快便使之损毁坍塌。

图 9-2 浙江南部的温州山水景观

图 9-3 浙江宁海桑洲的丘陵地貌（丁俊豪 摄）

9.1 情理相生的过程分析

建筑从虚拟走向现实的过程，从“人”的主体行动角度来分析，有“讲理、求变、共生”等三个方面的着力；从“物（建筑与基地）”的客体实现角度来分析，有“人性化、创造性、包容性”等三重内涵的呈现。这两个方面彼此促进、错综变化，在矛盾变化中把握相对的动态平衡，则是万变之宗。

结合“人与物”两方面的因素来综合归纳，情理相生过程可概括为“情境匹配、原创应答、整合生长”三个环节。

情境匹配是情理相生整个过程的起点，搭建起情理相生的整体框架，研究能够平衡各方需求的设计平衡点，勾勒出下一步演进的可能途径；原创应答是根据匹配环节得出的相关信息，对建筑解答进行搜索、比选并通过特定介质进行虚拟表达与明确的环节，是情理相生的展开；整合生长则是建筑实体作用于基地后的结果，即产生了新的环境共同体，也就是基地环境出现扰动后回复到新的平衡状态，是情理相生的现实呈现及其在建筑生命周期中不断延续的阶段。

9.1.1 情境匹配

在建筑设计中，只有使构思的建筑保持与各方需求的高度一致性，才能契合其中而拥有建筑得以存在的缘由，才能使建筑最终能够引发与其相关的开发建设者、实际使用者、管理者、周边市民、相关媒体以及设计者自身等各方群体的共同认同感。所谓需求，是在特定时空情境中界定的（图 9-1~图 9-3）；情境匹配就是将针对拟建的新建筑而产生的自然、社会、人文、功能、经济等诸多需求进行梳理并进行研究的过程，这也是一个需求博弈的过程。

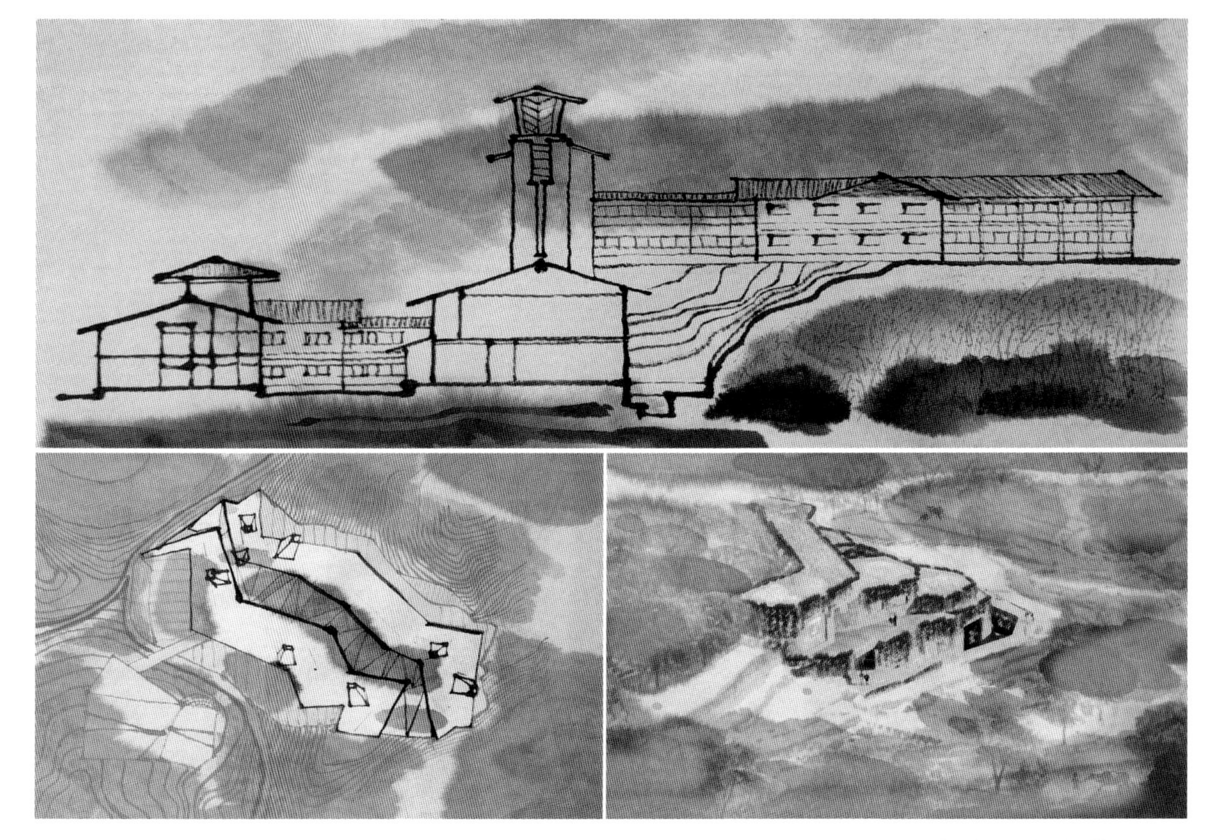

（上）图 9-4 温州瑶溪山庄剖面分析图　（下左）图 9-5 中国禄丰侏罗纪世界遗址馆布局分析图　（下右）图 9-6 桑洲清溪文史馆设计构思

情境匹配的核心就是梳理出与各方需求相适应的设计平衡点，并判断该平衡点是否具有足够的弹性来支撑动态变化发展的情境。通过分析基地可定量控制的物质环境状况，结合其中交织着的只能定性把握的非物质环境因素，从而归纳出独特并适合建筑生成的综合情境及其发展的脉络。

该环节的关键是梳理过程中输入信息的敏感性程度、分析视角的新颖性程度和匹配理念的适宜性程度，这些都是在设计团队的头脑构思、图表分析等虚拟态中进行的。情境匹配环节就是要界定建筑与基地环境之间建立连接的最大可能性，连接的最大可能性未必是设计团队一厢情愿的最优选项，而是在特定情境中的综合适宜，是对动态平衡的把握与归纳[1]。

9.1.2 原创应答

原创应答是指在设计图纸、建筑模型、计算机模拟等虚拟态中，根据情境匹配环节所得出的建筑与基地环境之间建立连接的最大可能性，推演出建筑可能的样态，即在各种可选解答中逐步提炼出与诸多需求情境相啮合的建筑（图 9-4~图 9-6）。

[1] 李宁. 平衡建筑[J]. 华中建筑，2018(1)：16.

图 9-7 温州瑶溪山庄临水景观

图 9-8 中国禄丰侏罗纪世界遗址馆西北侧晨景

设想的建筑在虚拟态中不断地调整、适应，从而与各方需求的啮合状态逐步改善。从基地综合环境中寻求真实的立足点，将构想的建筑置于基地环境整体情境中加以推敲，是使之能够真实表达基地环境脉络的基础。

建筑设计的信息中介从术语中介、图纸中介逐渐演变到如今的数字化中介，正是建筑设计的信息表达由简约到丰富、由缺省趋向完备的发展过程，而且在设计方法、表达手段、价值取向和信息交流等一系列方面取得了突破性进展，使得原创应答环节能够在最大范围内进行评判与沟通。

原创是指建筑介入基地环境的推演过程在原始创新方面所达到的程度，是对基地中原有平衡的超越，是在突破原有制约之后所呈现出新的勃勃生机并找到新平衡的最佳可能。原创绝非设计者凭空想象的标新立异，而是基于独特基地环境，在对历史与发展有充分认识的基础上做出切实合理的应答。建筑原创应答的环节也是对基地环境个性进行再诠释的过程，没有通用的范式，照搬他处与他人的成功案例而忽视情境匹配环节得到的信息，就是一种刻舟求剑的行为。

9.1.3 整合生长

整合生长就是建筑从虚拟态逐步成为现实存在的阶段，是情理相生的现实呈现。建筑与基地通过整合，形成了新的环境共同体，该共同体的个性是在整合过程中形成的，这是其内涵与感染力的基础（图 9-7~图 9-9）。

整合生长是指建筑在构成上体现其所处环境的发展逻辑和发展方向，能够适应环境的发展需要，具有可持续调整的可能并还能通过共同体的持续生长来促进周边环境的整体发展。整合生长的过程实际上是环境潜质累积的过程，建筑在存续中将不断遇到新的情况与问题，逐步演变的状态就是建筑在基地环境中生长并将历史信息传承下去的历程。平衡并非都是四平八稳、风平浪静的状态，在很多情况下会以一种通常看来非常不平衡的样态来应对无时无刻不在变化的环境，方能取得总体上的平衡态，这往往才是建筑设计要应对的常态。

图 9-9 桑洲清溪文史馆总体鸟瞰（丁俊豪 摄）

图 9-10 温州瑶溪山庄遇低就水

图 9-11 温州瑶溪山庄逢高依山

9.2 水无常形，法无定法

“情理相生”的三个环节分析，只是关于建筑在基地环境中从虚拟走向现实这个过程的大致描述。事实上，任何事物的发展都不会是简单的线性脉络，而是随时可能遇到突发情况而使得建筑的发展在各阶段之间呈现来回跳跃式的突变与反复的特征。

正因如此，更需要用平衡建筑的眼光来把握建筑从虚拟到现实的总体生成走向，使之在“情理合一”张力的作用下不至于背离设计的初心。通过平衡建筑去传递一种情理意蕴：情，因有理而更有感染力；理，因有情而更有说服力。

9.2.1 逢高依山，遇低就水

温州瑶溪山庄位于温州瑶溪风景区，在基地周围山坡呈围合状，瑶溪也汇聚成一个静影成碧的大湖面。落户于这种特定氛围之中，若以标新立异的独特形状强硬于山水间，则无异于焚琴煮鹤。用地选在山脚缓坡地、滨水处，地形高差 7~8m，设计将建筑化解在基地中。

在保持地形的基础上，建筑逢高依山、遇低就水，而不是高则挖之、低则填之，推成一个大平台，再于其中使用最新的建筑科技和花俏的手法。瑶溪山庄布局的重点就是保持地形，协调建筑与山体、湖面间的总体关系，造型、细部构造只是在此基础上推演的结果（图 9-10、图 9-11）。

建筑群落按功能分为三大块：餐饮部分处于西段缓坡处；大堂、会议、娱乐等公共部分置于中部较平坦处；客房部分在东侧高差较大处，一幢就水、两幢依山。

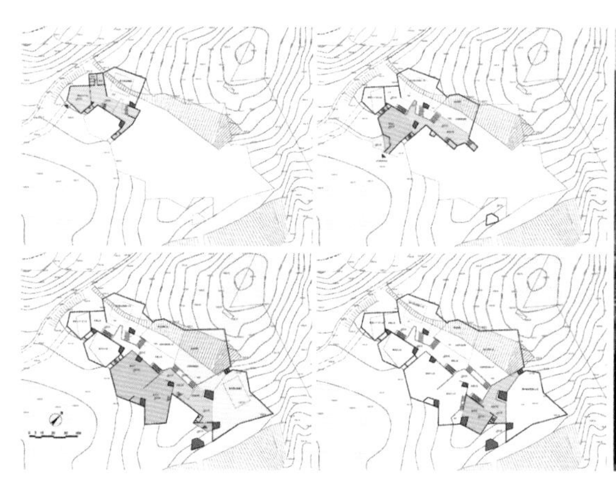

图 9-12 中国禄丰侏罗纪世界遗址馆平面图

图 9-13 中国禄丰侏罗纪世界遗址馆东南侧鸟瞰

在地势高差较大处设置电梯塔楼，解决了竖向联系问题，亦使整个建筑群有一个竖向纽带，建筑起伏与瑶溪山水脉胳契合无间。整体建筑色调为白墙灰瓦，在景区的青山绿水间显得质朴大方，屋面形式取材于民居元素，但又不拘于传统形式，在屋顶复杂的搭接方面超越了民居模式。利用屋面的组合及整个形体的跌宕，造就了一个不张扬的环境构件。

浙江多雨，马蹄形山坳汇水面积大，瑶溪本身就有导蓄山水之用。低处就水而筑，做好排水处理，虽不再捣衣浣纱，但居于其中，有水趣而无淋漓之苦。或春和景明、或浩月当空，闲来凭栏静坐，穿牖而来无非前山明月后山风。

或定期项目回访、或路过客居此处，闲来散步，时有松鼠鸟雀欢腾于山林间，并不惧人；常见游鱼野鸭穿梭于溪流中，自由自在。

9.2.2 寻觅消失的场景

在云南省禄丰县川街乡阿纳村的恐龙化石点，恐龙谷连绵的群山以及灵动的阿纳湖立刻就把大家带到了亿万年前的时空情境中。中国禄丰侏罗纪世界遗址馆的设计把来源于基地的感触化入建筑形态与空间中，将自然意向进行提取，以介乎抽象与具象之间的模糊态融入建筑的神情之中（图 9-12）。

设计通过建筑组合表现对自然地貌、山体的吸纳与借鉴，将对基地以及事件的理解和情感用建筑语言表现出来，使现代建筑技术所支撑的建筑空间在满足人们参观游览的同时，也使人们能体验到自然的某种动态与力量。人们在"山谷、丘陵、缓坡、洞穴"之中体验连续界面带来的不同寻常的建筑空间感受。

遗址馆建筑以其动感倾斜的形体生长出群山之"身"，盘旋于山谷之间，成为基地山体的一部分；又隐喻了山崩地裂的山体滑坡及火山喷发的宏大场面，简洁有力且极富雕塑感。

抽象而雄伟的棱状结构柱相互交错，进一步强调并激发恐龙灭绝大峡谷的自然意象。同时，又能以群山为背景而整合出新的样态，使基地因建筑的引领而传达出一种更具雄浑、苍茫的环境感受（图 9-13）。

图 9-14 桑洲清溪文史馆南侧鸟瞰（丁俊豪 摄）

图 9-15 桑洲清溪文史馆块石垒墙、种植屋面与溢水口（丁俊豪 摄）

9.2.3 编织与消隐

在许多情境中，设计者刻意创新、殚精竭虑，有时却走得太远，简单平易的手段反而被忽视。地形本是大自然的风霜雨水经年累月不断雕蚀的结果，镌刻了最朴实的自然之美。其中也有人类局部改造的因素，但必定是遵循自然之道的，否则自然力很快便使之损毁坍塌。

这些，都记录着千百年来人类与自然和谐共生的线索，如今的设计追寻并契合这条线索，既是对自然的尊重，又是对美的承续，所用手法不必新奇复杂。桑洲清溪文史馆设计通过织补与消隐的办法来应对环境因建筑介入而引发的扰动，希望将建筑消隐于自然环境中，在满足功能的前提下最大限度地保留和延续既有丘陵地形，通过建筑的介入来织补原初梯田的层叠关系，使得新生成的建筑环境共同体更加妥帖自然（图 9-14~图 9-16）。立面采用天然石块砌筑，如同梯田中常见的石砌挡土坡；屋顶通过覆土来种植与周边梯田相同的农作物。

通过充分调研当地的石材特点，采用当地的工艺技法，呈现出原初朴实的梯田样貌。屋面覆土植被须充分考虑防水效果，因此在做好建筑防排水设计的同时，设置了许多溢水口，其构造就如同梯田中必要时设置的溢水口一样。

块石垒墙、溢水口、屋面覆土种植等，都是需要在日常使用中随时进行检查、维护的，如果不是桑洲当地直接可用的材料和当地人真正熟悉的构造与操作，刻意去做，建筑成本往往会非常高昂。在设计初期就根据当地技术特点进行统筹并得以实现，如今流连忘返的游人们的笑声，正是对业主与设计者的最大褒奖。

图 9-16 桑洲清溪文史馆屋顶鸟瞰（丁俊豪 摄）

9.3 包容性求变

对建筑的评价与分析，往往不是一落成就能给出的，而时间正是一个非常合适的考验者。梳洗了浮华与喧嚣，留下建筑所蕴涵的本质及场所氛围、一种能引起人们美的触动的韵味，建筑正是因为岁月的沧桑而更显得沉稳。同样，如果建筑给环境带来负面影响，也是需要经过一段时间才能看出。

建筑以一种现实介入环境之中，对它的评判关键是看它能否合适地融入具有真实发展前景的环境体系之中。深山中的一座古刹、山巅上的一角亭台，虽改变了原始地貌，但使环境因为有益的建筑活动而进入一种新的平衡、生成一种更具有人文气息的景观[1]。对建筑的评判，须在一段时间日常运行的基础上，通过理性地归纳建筑所在的位置、对周边环境的影响、与基地制约条件的相容程度等状况，分析最初制定的设计原则和对策，以及由此产生出的设计是否适宜，这样才能获得真实的建筑评判。

在每个项目设计的初始之际，通常是对建筑整体走向最为关键的时期。强调情理相生，应在设计初期结合布局与赋形，对地形、地貌、气候、日照、雨水、土壤、植被等因素加以深入细致的推敲；越往后，刻意求工的成本与难度会迅速提高。设计也应当认识到，投入与产出的平衡是建筑得以实现的支点[2]。在项目初始就强调日常的手段、适宜的技术与合理的代价，这样设计实现起来阻力较小，而对情理相生的影响力却很大。

看山还是山，看水还是水。当建筑逐渐从虚拟态走向现实而与基地环境相互共生时，会给人一种温暖的触动。这种温暖，如茶，不是什么金枝玉叶，只是将满山清脆采摘来清浅一盏；亦如话，不是什么豪言壮语，只是平常的一句问候：噢，来啦？

---

[1] 李宁，丁向东，李林．建筑形态与建筑环境形态[J]．城市建筑，2006(8)：38-40.

[2] 李宁，王昕洁．“适用、经济、美观”的不同理解——温州瑶溪山庄设计评析[J]．建筑学报，2004(9)：76-77.

第 十 章

人事有代谢
往来成古今

图 10-1 浙江大学玉泉校区主轴与中心绿地

每个学校都有自己的校园文化，一代代的师生解读着校园文化并为之增添新的注释。校园文化蕴涵在由校园空间与师生活动综合而成的场所氛围中，激发着师生的思辨，并引导着校园的发展。

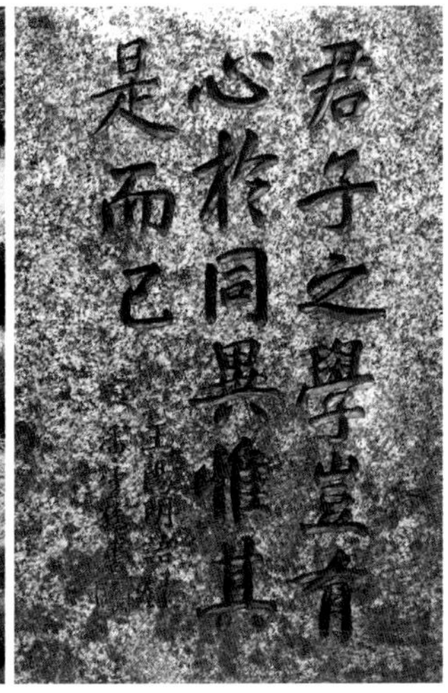

图 10-2 浙江大学紫金港校区启真湖畔石碑（王阳明语录，潘云鹤 书）

10.1 校园文化与校园风骨

每个学校都有自己的校园文化，一代代的师生解读着校园文化并为之增添新的注释。校园文化蕴涵在由校园空间与师生活动综合而成的场所氛围中，激发着师生的思辩与成长，并引导着学校的发展（图 10-1~图 10-3）。

校园的风骨是隐含在校园建筑及相关物质、非物质环境部件之中的，是校园内涵与感染力的基础。若要保持校园一脉相承的风骨，在校园建筑的新建、改建或扩建中就必须在情境匹配、原创应答、整合生长等三个环节把握好平衡点，在基于校园的独特自然与文化环境、在对校园历史与发展有充分认识的基础上做出切实合理的建筑解答。

10.1.1 文化：一个不断演变的概念

讨论校园文化，自然离不开对“文化”的辨析。

由于“文化”这个词的语意十分丰富，一直以来是各类文化研究者说不清、道不明的一个问题。中国关于“文化”的表述，可推至《易•贲卦》：“观乎天文，以察时变；观乎人文，以化成天下”[1]；孔子推崇周朝的典章制度，认为“周监于二代，郁郁乎文哉”[2]；这里的“文”，已经有“文化”的意味。

就词源而言，汉语“文化”一词最早出现于《说苑》[3]：“圣人之治天下也，先文德而后武力。凡武之兴，为不服也；文化不改，然后加诛。”南齐王融在《三月三日曲水诗序》中写道：“设神理以景俗，敷文化以柔远。”从这两个最古老的用法上看，中国最早“文化”的概念是“文治和教化”的意思，就是以伦理道德教导世人，偏重精神方面。

近代用“文化”来对应“culture”，就是认同了其中的有关耕种、养殖与驯化等含义，将文化置于一定的生活方式之上。

从世界范围来看，美国学者克罗伯和克拉克洪列举了欧美对文化的 160 多种定义；英国学者威廉斯考证认为，18 世纪末西方

[1] 崔波，注译. 周易[M]. 郑州：中州古籍出版社，2007，4：144.

[2] 张燕婴. “周监于二代，郁郁乎文哉，吾从周”解[J]. 中国文化研究，2003(2)：147-150.

[3] 高月. 刘向《说苑》研究综述[J]. 湖南社会科学，2013(2)：206-209.

语言中的“culture”一词的词义与用法发生了重大变化，在这个时期以前，文化一词主要指“自然成长的倾向”以及人的培养过程，但到了19世纪文化作为“培养某种东西”的用法发生了变化，文化本身变成了某种东西，它首先是用来指“心灵的某种状态或习惯”，后又用来指“一个社会整体中知识发展的一般状态”，再后是表示“各类艺术的总体”，到19世纪末文化开始意指“一种物质上、知识上和精神上的整体生活方式”[1]。

人类学学者爱德华•泰勒将“文化”定义为：由作为社会成员的人所获得的包括知识、信念、艺术、道德、法律、风俗以及其他能力和习惯的复合整体[2]。

作为当下一种较为普遍接受的理解，“文化”是指特定生活方式的整体，包括观念和行为，提供道德和理智的规范；是学习而得的，并非源于本能，而且为社会成员所共有；作为信息、知识和工具的载体，是社会生活环境的映照；作为精神与物质的综合体，给人类以历史感和自豪感并据此理解存在的意义；作为人类认知世界和自身的符号系统，包含人类社会实践的一切成果。

10.1.2 校园文化与地缘文化

作为文化的一个子项，校园文化是聚集在特定校园中的师生共同体在教学与生活过程中的主观意识状况和水平的群体性反映样态，不同的师生共同体就会有不同的校园文化表现，有着自身的历史、现存和发展脉络。校园文化体现了对应特定空间范围的师生共同体的内在精神气质，与当地的地缘文化密切相关。

在特定地缘中存在的校园，与当地一脉相承的自然状况、社会规范、经济能力、交通基础和人文习俗等综合因素交错在一起，必然是生发于特定地缘文化的；同时因校园自成一体的相对独立性以及师生的流动性，校园文化往往又有着强烈的自身独特性，从而影响着地缘文化。

所谓地缘，就是指人类共同体在特定的地理空间内，因共同居住、生活、生产等社会活动而形成的社会依存关系。地缘概念不同于地域概念，地域是指区域、地带、地区等地理上范围，地缘表现为对应于特定地理空间的一种社会关联、一种人文传承关系；或者说，地缘强调特定土地或空间地段与相应人类共同体的政治、经济和文化间的因果关系或“因缘”“缘分”“机缘”[3]。

在地缘关系上还会表现出这样的情况，就是两个地理空间上很近的点可能关联不紧，而两个相距甚远的点却关系密切，这事实上涉及血缘、族缘或师缘等多重地缘传承关联。传承因时间的延续会有所变化，地缘关系就会发生密切或者生疏的变化，不论如何变化，其实就是地缘关系圈的变化，地缘关系圈是通过文化认同反映出来的。出自同一个地缘关系圈的群体，具有相同的地缘文化，在语言表达、饮食习惯等方面有着相互认同感，在价值观和思维逻辑等方面有许多共同标准，在此基础上的社会价值和审美观念也会有许多共同点，这同样涉及对建筑的认同与评判。

不同的校园环境折射出校园文化区别，以及与校园文化相关联的地缘文化区别。校园文化的区别表现在师生各种观念与行为方式上，在特定师生共同体的“行为的出发点和目的”以及“认识的出发点和价值导向”这两大问题上真正显示各自的特色。

社会在进步，教学在发展。校园作为校园文化的载体，不只是提供了教学、食宿等空间的静态建材构筑物。正因为有了校园文化的传承，校园就有了动态的生长性；也正因为校园文化与地缘文化相互关联，校园就有了生长于特定地缘环境的缘由。

---

1 萧俊明．文化的语境与渊源——文化概念解读之一[J]．国外社会科学，1999(3)：16-23.

2 爱德华•泰勒关于文化的定义在西方学界一直被视为第一个具有现代意义的文化定义，但有学者对其定义中的一些概念提出了若干质疑，进而对其文化科学的两大原则进行了批判性的解读。参见：萧俊明．文化的误读——泰勒文化概念和文化科学的重新解读[J]．国外社会科学，2012(3)：33-46.

3 阮伟．地缘文明[M]．上海：上海三联出版社，2006，6：1.

图 10-3 浙江大学在玉泉的初期校舍与操场（浙江大学档案馆藏）

10.1.3 浙江大学的求是文化

1938 年 11 月 1 日，竺可桢校长在浙江大学西迁至广西宜山的开学典礼上，着重作了题为《王阳明先生与大学生的典范》的演讲[1]。

在演讲中，竺可桢校长以王阳明先生的求是精神、遇险不畏精神、艰苦卓绝精神和公忠报国精神，激励浙大师生在艰危中奋发进取[2]，并提出要以"求是"两字为校训，贯彻治学的精义。竺可桢校长说："今浙大以时局影响三迁而入广西，正是蹑着阳明先生的遗踪而来，这并不是偶然的事，我们正不应随便放过，而宜景慕前贤，接受他那艰危中立身报国的伟大精神。"

竺可桢校长的这些论述，特别是他所概括的科学家应取的三种态度，不仅为万千"求是"学子所遵循，且一直为科学家们所称颂[3]，《王阳明先生与大学生的典范》《求是精神与牺牲精神》《科学之方法与精神》是竺可桢校长论述求是精神的三篇代表作。

浙江大学的历任领导在继承和发扬求是精神的基础上，特别强调在新的历史条件下的开拓创新精神。1988 年 5 月 5 日，由路甬祥校长主持的校务会议决定以"求是创新"为新时期浙江大学校训，这是浙江大学为了适应迅猛发展的现代科技和社会需求对求是精神的发扬光大。

1995 年潘云鹤校长在浙江大学教学工作会议作的题为《抓住时机，迎接挑战，迈向一流》的讲话中，提出了知识、能力和素质并重的人才培养新模式，使得"求是创新"的方法和路径更为具体、明确。

2003 年，潘云鹤校长挥毫写下"握中西以求是，得形势而创新"，正是对如何"求是创新"的进一步诠释（图 10-4）。

1 张彬．民族精神与科学精神相结合的典范——竺可桢的教育思想与实践[J]．杭州大学学报（哲学社会科学版），1991(3)：105-113.

2 李兴韵，张杨旭．竺可桢教育思想中的"阳明情节"[J]．宁波大学学报（教育科学版），2020(2)：68-74.

3 田正平．"只问是非、不计利害"——从《竺可桢日记》看一位大学校长的精神境界[J]．高等教育研究，2016(4)：80-86.

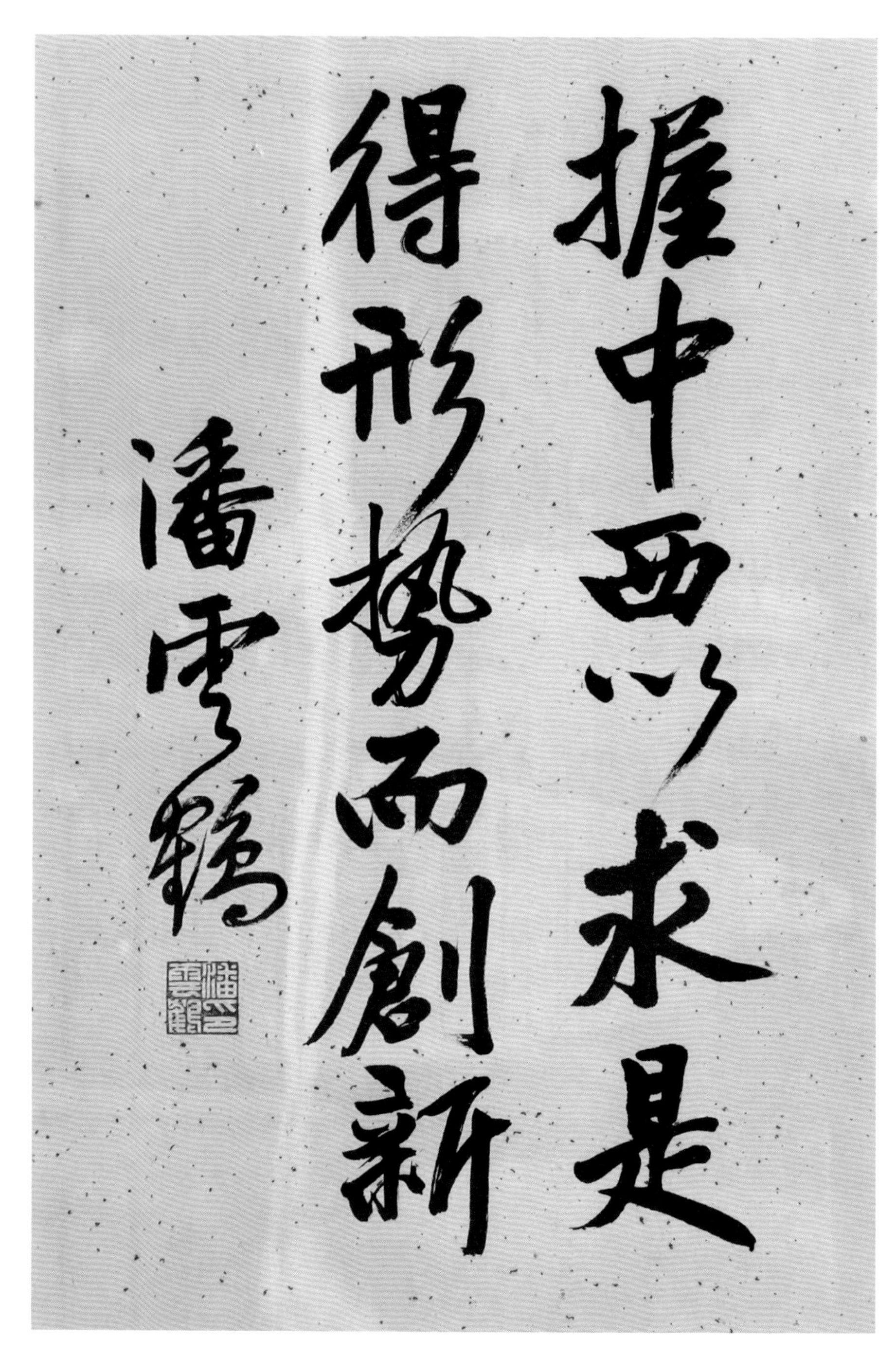

图 10-4 潘云鹤校长 2003 年题写：握中西以求是，得形势而创新

图 10-5 浙江大学玉泉校区总平面轴线分析图

10.2 国有成均，在浙之滨

校园是不断生长的，校园建筑记录了校园生长的过程。提起校园，大家心中肯定会不经意地浮现起自己和同学在窗前学习的情景。不论在哪个年代，念书的日子里总是有无穷的欢乐。

浙江大学校园里这些默默的建筑，记录了浙江大学在特定时空中成长的过程，见证了一代又一代师生的勤劳与汗水，也镌刻了创业的艰辛和进步的足迹。

1998 年由原浙江大学、杭州大学、浙江医科大学和浙江农业大学四所大学合并组成新的浙江大学，原浙江大学称为浙江大学玉泉校区。通过玉泉校区内几幢不同时期、不同类型的建筑来进行评析与回顾，从中可发现，建筑确实是石头的史书。

校园中的建筑，以各自的内涵，承载着不同时期浙江大学师生的学习、工作和生活。建筑的生长和校园生活的延绵，共同演绎着光阴的故事（图 10-5、图 10-6）。

图 10-6 浙江大学玉泉校区西南侧总体鸟瞰

（上）图 10-7 第一教学大楼南侧外观　（下左）图 10-8 第一教学大楼竣工场景（浙江大学档案馆藏）　（下右）图 10-9 第一教学大楼与校区中心绿地

10.2.1 校区初创

玉泉校区第一教学大楼的设计完成于 1954 年 3 月，建于 1954 年至 1956 年，设计师是何鸣崎、李恩良、童竸昱、裘进深、单纯、杜铭愚等。大楼为用于教学、教师办公的内廊式建筑，中部四层、两翼三层，单檐歇山顶、对称式布局，底层、窗台和局部檐口采用水泥粉刷、略有线脚，其余为清水砖墙，平常中显出精细（图 10-7）。

整个建筑功能、流线简洁明确，体形稳重、形象古朴，富有我国传统建筑特色，在绿树蓝天的映衬下，显得典雅大方。

此后十余年间，第二、三、四、五、六教学大楼陆续建成投入使用，从而奠定了浙江大学玉泉校区的主轴线骨架。

这些老建筑至今仍是玉泉校区空间的重要构件，更是阔别母校多年的校友的永恒回忆，一脉相承的红砖墙也构成了玉泉校区的建筑记忆色彩（图 10-8~图 10-10）[1]。

[1] 董丹申，李宁. 光阴的故事——浙江大学玉泉校区建筑评析[J]. 华中建筑，2003(10)：3-6.

图 10-10 精巧的垂花门：同门的意象

图 10-11 图书馆刚落成时校区鸟瞰（浙江大学档案馆藏）

图 10-12 图书馆加层后外观

图 10-13 图书馆与校区主轴

图 10-14 图书馆与喷水池

10.2.2 主轴收头

图书馆设计完成于 1978 年，于 1982 年 3 月竣工，设计师是许介三、陆亦敏、王德汉等。图书馆依山而建，处于校园主轴线的收头处。在结合山脚地形高差方面，设计巧于因借，根据图书馆功能分区不同而呈层高各异的特点，将 5.37m 地形高差作错层处理。图书馆正立面两侧采用低层悬阁处理，形成主翼错落、前后相随的形体空间，加上立面的遮阳处理，光影相间使细部尺度细腻而宜人，光与影和谐的旋律也增强了立面的节奏与变化。

图书馆的设计显示了设计者对现代建筑精神的深刻理解与把握，从建筑的空间、功能到细部节点的设计都贯穿了现代建筑理念，是校园内现代建筑的代表之作。室外利用大片消防水池与喷水盆景结合，将消防功能与环境艺术融为一体，丰富了校园的景观层次（图 10-11~图 10-14）。

1992 年因发展的需求，学校对图书馆进行局部加层，设计师是罗鸿强、胡慧峰等。任何一个项目从立项到实施，各方需求的不平衡是绝对的，新问题随着旧矛盾的化解而突显。建筑师就是要在绝对的不平衡中把握相对平衡点，协同各专业绘制成图并据此指导施工。对建筑本身而言，这还只是一个开始。

（左）图 10-15 邵逸夫科学馆东南侧外观　（右上）图 10-16 邵逸夫科学馆夜景　（右下）图 10-17 邵逸夫科学馆东北侧外观

10.2.3 学海扬帆

邵逸夫科学馆设计完成于 1985 年 7 月，于 1987 年 10 月竣工，设计师是罗鸿强、吴文冰等。建筑共二层，体量不大、分量不轻。建筑位于玉泉校区教学南区西南侧，四望峰峦耸翠，满目清幽，主要由椭圆形演讲厅、展览厅、两个 80 座中会议室、贵宾接待室以及若干小会议室等组成。

建筑设置了两个内庭院，注重自身与环境景观的因借，提供清新宜人的师生交流空间。宽敞宜人的各层级空间开合有序，高低富有变化，同时有选择地引入玉泉、灵峰美景，营造典雅幽静的整体氛围（图 10-15~图 10-17）。

整体造型由简洁的几何体块而组成，大片玻璃幕墙与实体相互穿插，形成强烈的虚实对比效果。不同几何体的对比形成适度的张力，大片斜三角形帆状玻璃幕墙与整体造型相配合，营造了前进的动态，寓意“学海扬帆”这一锐意进取的建筑主题。

(左) 图 10-18 竺可桢国际教育学院西南外观 (右上) 图 10-19 竺可桢国际教育学院东北侧外观 (右下) 图 10-20 竺可桢国际教育学院东南外观

10.2.4 砖墙重构

竺可桢国际教育学院设计完成于 1998 年 9 月，于 1999 年 12 月竣工，设计师是沈济黄、陆激等。建筑包括宿舍、餐饮、教学及其他配套辅助用房，地上六层、地下一层。

该建筑邻近玉泉校区北门，是校区总体规划中学生生活区的一部分。设计以一种简明的模块组合巧妙地解答了宿舍的功能要求和建筑的纪念性要求，并且从玉泉校区20世纪五六十年代的建筑中提炼了部分语汇，表达了对校园文脉的尊重。

总体布局以三幢拼对独立的“L”形单体相向围合，形成了三个不同趣味的室外空间：西南侧沿校区主干道利用地形高差，建筑后退形成下沉广场，以硬质铺装为主，作为主入口；东南侧庭院中设置了竺可桢纪念馆，以绿化、草坪为主；东北侧庭院为生活辅助之用。三幢“L”形单体的有机结合较好地解决了建筑功能不同要求（图 10-18~图 10-20）。

在三个“L”形单体的交汇处，布置了入口大厅，大厅前在入口广场处的“L”形钢结构雨篷也与整体建筑语汇相一致。建筑外墙面对校区老建筑清水砖墙的模仿细腻生动，整体建筑语汇通过对先哲的缅怀显示了浓厚的校园人文情怀与学院氛围。

（左上）图 10-21 高等数学研究所南侧外观 （右上）图 10-22 高等数学研究所退台 （左下）图 10-23 玉泉校区西侧鸟瞰 （右下）图 10-24 玉泉校区主轴

10.2.5 虚怀若谷

浙江大学高等数学研究所包括研究室、学术报告、会议等内容，设计完成于 2001 年 5 月，于 2002 年 6 月竣工，设计秉持“甘当配角、虚怀若谷”的创作构思，设计师是董丹申、殷农、殷茵等。建筑用地是南北狭长的矩形地块，西临四层为主的实验楼群组，东接校区干道，南北为次干道。基地四周校园建筑体现着不同的时代特征，研究所则以简洁的造型、淡雅的色彩、兼容的空间与退让的露台（图 10-21、图 10-22）使建筑温和地融入校园的历史氛围中。设计利用基地高差，对无障碍坡道进行巧妙安排，南侧设侧门，缓坡道在树木隐映中与东侧的主入口相连。霍金先生 2002 年前来开会访问，在浙江大学发表精彩演说，他的轮椅于该研究所内通行无阻。

建筑离不开所处的具体位置与周边环境，必要时应摈弃以自我为中心，找准自己的合理定位，追寻对所处的环境空间、人文氛围和历史信息的把握，不断修正自己与整体环境的关系。“求是”是“创新”之始，“创新”是“求是”之成；“求是”是“创新”的主意，“创新”是“求是”的功夫。在“求是”中“创新”，在“创新”中“求是”，正是知行合一（图 10-23~图 10-25）。

图 10-25 浙江大学玉泉校区雪景

10.3 包容性共生

历史、现在、未来，一条绵绵不断的时间长河；

继承、创新、发展，一条永无止境的设计之路。

历史的存在和时代的进步是建筑设计的切入点，对历史的继承总是通过时代的需要来进行选择的，与环境和历史的对话也是通过时代的语言来进行表述的[1]。浙江大学玉泉校区在七十年的营造中逐渐发展和演变，正是因为随岁月沧桑而积淀下来的不同建筑形象，形成了不拘一格、各具风采而又协调共生的有机校园整体。空间吸引并容纳了师生的活动，就成为一处特定的场所，在各个场所中演绎着的一组组场景，在时间的串联中，逐渐成为后人口耳相传的故事。

建筑师应该让心灵有一点平静、净化与向往，唯其如此，建筑的创作才可能有灵性、有气韵、有创造，物质化的形体中才会包容着某些精神性的内涵。建筑的生长需要设计、施工、使用和维护的完美组合才能实现，而一切信任的基础，源自各方的努力、创新、诚信和沟通[2]。

校园，是我们的摇篮；校园，也是我们的心灵依托。晨钟暮鼓，花开花落；一代又一代师生在校园中激扬文字，校园建筑见证了学子们破茧化蝶的美丽，见证了春去秋来的聚散离合。

秋来校园思如烟，桂雨飘香忆华年；山长水阔江湖梦，相逢一笑已忘言。当初我们欢聚一堂，如今彼此天各一方。

往事依稀，故园依旧。远方的你，现在可好？

教室窗前，又有淡淡的桂花香……

---

[1] 董丹申，李宁．追溯前进的脚步——浙江大学建筑设计研究院作品评析[J]．新建筑，2003(5)：16-18.

[2] 董丹申，李宁．大海之润，非一流之归 大厦之成，非一木之才——高校建筑设计研究院的成长与展望[J]．时代建筑，2004(1)：68-75.

结　语

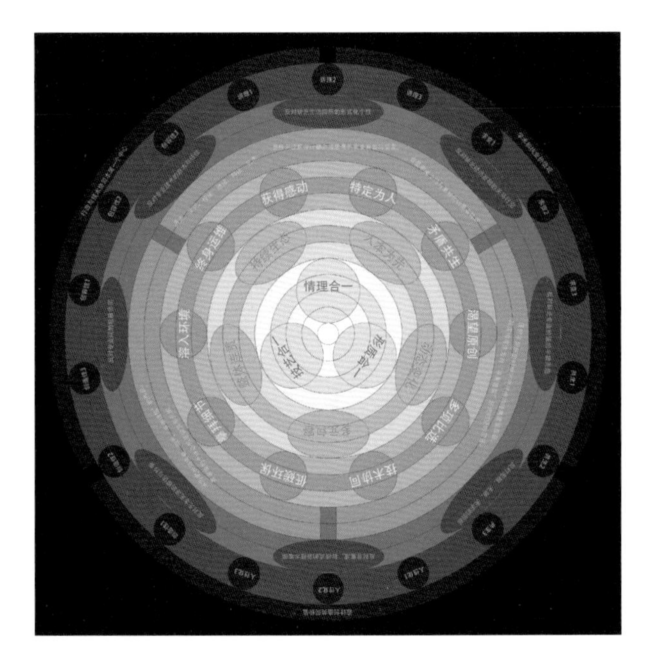

图 11-1 平衡建筑研究模型剖面图

建筑设计可以说是一种特殊问题的求解，其特殊性在于设计参数难以量化。正因为设计参数难以量化，最终给出的建筑解答就难以通过函数、变量等分析来进行自我证明。

建筑设计可以说是一种特殊问题的求解，其特殊性在于设计参数难以量化。

建筑设计不同于那些以坚实的数学描述为基础的设计，如机械、土木、电子等领域的设计。在建筑工程的实践中几乎总是面对着一大堆矛盾，而且新的冲突紧随着旧矛盾的平衡而产生，此消彼涨、绵绵不断。正因为设计参数难以量化，最终给出的建筑解答就难以通过函数、变量等分析来进行自我证明。

另外，建筑设计的复杂，不单是物质层面的协调与组织，更在于精神层面的应和与平衡。建筑设计不但要协调大量技术上的冲突，也被要求对许多精神上的索取进行平衡，而这些要求甚至有可能是相反的。在诸多需求的博弈中，设计须秉持的就是：法无定法，唯重其人。

从另一个角度看，建筑之所以有独特的感染力，不是人们对混凝土、玻璃和钢等诸多建材的激动，而是由这些建材所支撑的建筑空间组合在特定情境中对受众的心灵感召与引发共鸣。

建筑开始表现为结构支承、管线综合以及各种建筑部件在物质层面上的组合；但一个处在特定情境中的建筑空间体，能应对特定的心理预期与需求，进而能承受时间流逝的磨砺而显出历史厚重之美，同时还会吸纳因人的活动而注入的人文内涵。

建筑师在设计中推敲建筑的方方面面，正如诗人墨客的“炼句”。斟酌空间的形与质、统筹营造的技与艺、平衡环境的情与理，含不尽之意在建筑空间表述之外，终究是在为今后活动于其中的人们提供更适宜的情境。

在建筑空间中的体验与经历，实现体验者与建筑、自然、历史、文化的通感与诗化体验，新鲜感与似曾相识交织在一起，引发了情境认同。设计致力于通过组织建筑与景观要素唤起人们对美学与意蕴的联想，这些情景化的要素因季节时辰而不同，随晨昏晴雨而变幻，遐思悠远。

建筑设计追寻的不应是一个非此不可的最终结果，而是一个开放的、能够不断发展的情境。在情与理、技与艺、形与质之间的平衡（图 11-1）[1]，使建筑的设计历程具有足够的活力。

人们对建筑的评价，不只是单纯的视听感受，其中渗透了心理、人文、社会的影响，当下则更强调情景交融。人们虽然首先还是从建筑外观的形象着眼、从“眼耳鼻舌身”等感知开始，但决不停留于感知或外在之“象”。在“象”的流动与转化中，外在的、感知的“象”被消解，进而转化或生成某种把握整体内涵的“象”；作为把握整体性内涵的“象”，已经是更高层次的精神之意象。正是借助“象”的流动和转化，以达到与“整体环境之象”一体相通的把握；建筑意象正是建筑意境得以生成的基础。

建筑意境是以建筑意象为载体的，境生于象，而超乎象。意境是人们通过感知所处环境所给予的感知和意念、从而引发回忆与联想并进入感悟推理这个层次才能产生的，这就有一个特定时空情境与受众心理互动的过程。触景生情，方生意境，意境不是有限的“象”，而是无实无虚的“境”。

“境生于象外”，是对“象”的突破与生发。感悟于象、心入于境，或许可使观赏者对空间、历史人生、宇宙产生富有哲理性的感受和升华。建筑意境的魅力，正在于观赏者于建筑空间中的“心理情境再创造”。

从设计的虚拟态到最终的建筑落成，正是对形质表里小心翼翼的落实，是对时空情境惊喜不定的期盼，是对朦胧意涵心有灵犀的敏感，是对建筑生命感同身受的呵护。

建筑必然会体现着人的活动与特定基地环境的一种生态关联，有益的活动以及因时间延续而产生的新故事，将会营造出一种吸引人的情境感受、一种持久的活力、一种能够不断传承的环境氛围。

[1] 建筑领域的知行合一，包括“情理合一、技艺合一、形质合一”等三个层面。参见：董丹申，李宁．知行合一——平衡建筑的实践[M]．北京：中国建筑工业出版社，2021，8：3.

参考文献

第一部分：专著

[1] 董丹申. 走向平衡[M]. 杭州：浙江大学出版社，2019，7.

[2] 崔愷. 本土设计 II[M]. 北京：知识产权出版社，2016，5.

[3] 庄惟敏. 建筑策划导论[M]. 北京：中国水利水电出版社，2001，10.

[4] 李兴钢. 胜景几何论稿[M]. 杭州：浙江摄影出版社，2020，9.

[5] 倪阳. 关联设计[M]. 广州：华南理工大学出版社，2021，1.

[6] 李宁. 建筑聚落介入基地环境的适宜性研究[M]. 南京：东南大学出版社，2009，7.

[7] （美）凯文•林奇. 城市意象[M]. 方益萍，何晓军，译. 北京：华夏出版社，2001，4.

[8] （美）格朗特•希尔德布兰德. 建筑愉悦的起源[M]. 马琴，万志斌，译. 北京：中国建筑工业出版社，2007，12.

[9] （日）藤井明. 聚落探访[M]. 宁晶，译. 北京：中国建筑工业出版社，2003，9.

[10] 赵巍岩. 当代建筑美学意义[M]. 南京：东南大学出版社，2001，8.

[11] 王建国. 城市设计[M]. 第三版. 南京：东南大学出版社，2011，1.

[12] （法）昂利•彭加勒. 科学与方法[M]. 李醒民，译. 北京：商务印书馆，2006，12.

[13] （美）阿摩斯•拉普卜特. 建成环境的意义——非言语表达方法[M]. 黄兰谷，等译. 北京：中国建筑工业出版社，2003，8.

[14] 邹华. 流变之美：美学理论的探索与重构[M]. 北京：清华大学出版社，2004，8.

[15] 阮伟. 地缘文明[M]. 上海：上海三联出版社，2006，6.

[16] 韦森. 文化与制序[M]. 上海：上海人民出版社，2003，6.

[17] 董丹申，李宁. 知行合一——平衡建筑的实践[M]. 北京：中国建筑工业出版社，2021，8.

[18] 曾国屏. 自组织的自然观[M]. 北京：北京大学出版社，1996，11.

[19] 崔波，注译. 周易[M]. 郑州：中州古籍出版社，2007，4.

[20] （美）阿摩斯•拉普卜特. 文化特性与建筑设计[M]. 常青，张昕，张鹏，译. 北京：中国建筑工业出版社，2004，6.

第二部分：期刊

[1] 沈济黄，李宁. 建筑与基地环境的匹配与整合研究[J]. 西安建筑科技大学学报（自然科学版），2008(3)：376-381.

[2] 李宁. 养心一涧水，习静四围山——浙江俞源古村落的聚落形态分析[J]. 华中建筑，2004（4）：136-141.

[3] 查世旭. 旧城改造与居住文化[J]. 华中建筑，2004(1)：93-95.

[4] 曹力鲲. 留住那些回忆——试论地域建筑文化的保护与更新[J]. 华中建筑，2003(6)：63-65.

[5] 李宁，陈钢，董丹申，胡晓鸣. 庭前花开花落，窗外云卷云舒——台州书画院创作回顾[J]. 建筑学报，2002(9)：41-43.

[6] 李宁，陈钢. 台州书画院竣工后的思考[J]. 建筑学报，2005(11)：64-67.

[7] 沈济黄，陆激. 美丽的等高线——浙江东阳广厦白云国际会议中心总体设计的生态道路[J]. 新建筑，2003(5)：19-21.

[8] 王贵祥. 建筑的神韵与建筑风格的多元化[J]. 建筑学报，2001(9)：35-38.

[9] 赵恺，李晓峰. 突破"形象"之围——对现代建筑设计中抽象继承的思考[J]. 新建筑，2002(2)：65-66.

[10] 沈济黄，李宁，劳燕青. 浙江瑞安中学体育馆[J]. 建筑学报，2005(3)：47-49.

[11] 尹稚. 对城市发展战略研究的理解与看法[J]. 城市规划，2003(1)：28-29.

[12] 冒亚龙. 独创性与可理解性——基于信息论美学的建筑创作[J]. 建筑学报，2009(11)：18-20.

[13] 沈济黄，李宁. 环境解读与建筑生发[J]. 城市建筑，2004(10)：43-45.

[14] 李宁，黄廷东. 沉舟侧畔，生机绽放——青川县马鹿乡中心小学设计[J]. 建筑学报，2010(9)：61-63.

[15] 姜霞，王坤，郑朔方，胡小贞，储昭升. 山水林田湖草生态保护修复的系统思想——践行"绿水青山就是金山银山"[J]. 环境工程技术学报，2019(5)：475-481.

[16] 王树人，喻柏林. 论"象"与"象思维"[J]. 中国社会科学，1998(4)：38-48.

[17] 董丹申，李宁. 与自然共生的家园[J]. 华中建筑，2001(6)：5-8.

[18] 李宁. 城市住区地下停车空间组织分析[J]. 建筑学报，2006(10)：26-28.

[19] 崔愷. 关于本土[J]. 世界建筑，2013(10)：18-19.

[20] 李欣，程世丹. 创意场所的情节营造[J]. 华中建筑，2009(8)：96-98.

[21] 董丹申，李宁. 在秩序与诗意之间——建筑师与业主合作共创城市山水环境[J]. 建筑学报，2001(8)：55-58.

[22] 宋春华. 观念、技术、政策——关于发展"节能省地型"住宅的思考[J]. 建筑学报，2005(4)：5-7.

[23] 李宁，丁向东. 穿越时空的建筑对话[J]. 建筑学报，2003(6)：36-39.

[24] 国际建筑师协会. 国际建协"北京宪章"[J]. 世界建筑，2000(1)：17-19.

[25] 吴良镛. 国际建协《北京宪章》问世20年之际的随想[J]. 建筑学报，2019(10)：121.

[26] 李宁，李林. 浙江大学之江校区建筑聚落演变分析[J]. 新建筑，2007(1)：29-33.

[27] 石孟良，彭建国，汤放华. 秩序的审美价值与当代建筑的美学追求[J]. 建筑学报，2010(4)：16-19.

[28] 李宁，郭宁. 醒来的桃源——四川光雾山国家风景名胜区游人接待中心规划与建筑设计[J]. 华中建筑，2006(6)：34-37.

[29] 鲍英华，张伶伶，任斌. 建筑作品认知过程中的补白[J]. 华中建筑，2009(2)：4-6+13.

[30] 苏学军，王颖. 空间图式——基于共同认知结构的城市外部空间地域特色的解析[J]. 华中建筑，2009(6)：58-62.

[31] 李宁，李林. 传统聚落构成与特征分析[J]. 建筑学报，2008(11)：52-55.

[32] 陆邵明，王伯伟. 情节：空间记忆的一种表达方式[J]. 建筑学报，2005(11)：71-74.

[33] 曾鹏，曾坚，蔡良娃. 当代创新空间场所类型及其演化发展[J]. 建筑学报，2009(11)：11-15.

[34] 李宁，郭宁．建筑的语言与适宜的表达——国投新疆罗布泊钾盐有限责任公司哈密办公基地规划与建筑设计[J]．华中建筑，2007(3)：35-37.
[35] 董丹申，李宁．内敛与内涵——文化建筑的空间吸引力[J]．城市建筑，2006(2)：38-41.
[36] 张若诗，庄惟敏．信息时代人与建成环境交互问题研究及破解分析[J]．建筑学报，2017(11)：96-103.
[37] 古风．意境理论的现代化与世界化[J]．中国社会科学，1998(3)：171-183.
[38] 董丹申，李宁，楼宇红，王健．苔痕上阶绿，草色入帘青——金华理工学院总院总体规划回顾[J]．建筑师，2000(2)：37-41.
[39] 李宁，董丹申．简洁的形体与丰富的空间——金华职业技术学院艺术楼创作回顾[J]．华中建筑，2002(6)：21-24.
[40] 彭荣斌，方华，胡慧峰．多元与包容——金华市科技文化中心设计分析[J]．华中建筑，2017(6)：51-55.
[41] 李宁，王玉平．空间的赋形与交流的促成[J]．城市建筑，2006(9)：26-29.
[42] 李宁，王玉平．构筑于山水之间——江西工业工程职业技术学院新校区规划与建筑设计[J]．华中建筑，2006(8)：43-45.
[43] 李晓宇，孟建民．建筑与设备一体化设计美学研究初探[J]．建筑学报，2020(Z1)：149-157.
[44] 史永高．从结构理性到知觉体认——当代建筑中材料视觉的现象学转向[J]．建筑学报，2009(11)：1-5.
[45] 李宁，王玉平，姚良巧．水月相忘——安徽省安庆博物馆设计[J]．新建筑，2009(2)：50-53.
[46] 赵建军，杨博．“绿水青山就是金山银山”的哲学意蕴与时代价值[J]．自然辩证法研究，2015(12)：104-109.
[47] 王金南，苏洁琼，万军．“绿水青山就是金山银山”的理论内涵及其实现机制创新[J]．环境保护，2017(11)：12-17.
[48] 潘守永．生态博物馆及其在中国的发展：历时性观察与思考[J]．中国博物馆，2011(1)：24-33.
[49] 胡慧峰，李宁，方华．顺应基地环境脉络的建筑意象建构——浙江安吉县博物馆设计[J]．建筑师，2010(5)：103-105.
[50] 缪军．形式与意义——建筑作为表意符号[J]．世界建筑，2002(11)：65-67.
[51] 张娟，杨昌鸣．材料资源可持续观念下的建筑设计策略[J]．华中建筑，2008 (10)：61-64.
[52] 沈济黄，李宁．基于特定景区环境的博物馆建筑设计分析[J]．沈阳建筑大学学报（社会科学版），2008(2)：129-133.
[53] 刘渝．中国生态博物馆现状分析[J]．学术论坛，2011(12)：206-210.
[54] 袁烽，林磊．中国传统地方材料的当代建筑演绎[J]．城市建筑，2008(6)：12-16.
[55] 李宁．平衡建筑[J]．华中建筑，2018(1)：16.
[56] 徐苗，陈芯洁，郝恩琦，万山霖．移动网络对公共空间社交生活的影响与启示[J]．建筑学报，2021(2)：22-27.
[57] 王贵祥．中西方传统建筑——一种符号学视角的观察[J]．建筑师，2005(4)：32-39.
[58] 张郁乎．“境界”概念的历史与纷争[J]．哲学动态，2016(12)：91-98.
[59] 李宁，杨易栋，王玉平，彭怡芬．消失的场景——云南禄丰恐龙遗址博物馆设计[J]．建筑学报，2007(9)：59-61.
[60] 王玉平，李宁，杨易栋，彭怡芬．建筑与基地的亲和性——中国禄丰侏罗纪世界遗址馆设计回顾[J]．建筑学报，2010(2)：82-83.
[61] 裴胜兴．论遗址与建筑的场所共生[J]．建筑学报，2014(4)：88-91.
[62] 林中杰，时匡．新城市主义运动的城市设计方法论[J]．建筑学报，2006(1)：6-9.
[63] 李宁，丁向东，李林．建筑形态与建筑环境形态[J]．城市建筑，2006(8)：38-40.

[64] 何志森. 从人民公园到人民的公园[J]. 建筑学报，2020(11)：31-38.

[65] 杨亚洲，徐婷. 浅析城市公共空间设计的宜人性[J]. 沈阳建筑大学学报（社会科学版），2008(2)：134-137.

[66] 李宁，王昕浩. “适用、经济、美观”的不同理解——温州瑶溪山庄设计评析[J]. 建筑学报，2004(9)：76-77.

[67] 朱小地. “层”论——当代城市建筑语言[J].建筑学报，2012(1)：6-11.

[68] 李旭佳. 中国古典园林的个性——浅析儒、释、道对中国古典园林的影响[J]. 华中建筑，2009(7)：178-181.

[69] 董丹申，李宁，劳燕青，叶长青. 装点此关山，今朝更好看——源于基地环境的建筑设计创新[J]. 华中建筑，2004 (1)：42-45.

[70] 余晓慧，陈钱炜. 生态文明建设多元文化的求同存异[J]. 西南林业大学学报（社会科学），2021(1)：87-92.

[71] 黄蔚欣，徐卫国. 非线性建筑设计中的“找形”[J]. 建筑学报，2009(11)：96-99.

[72] 陈青长，王班. 信息时代的街区交流最佳化系统：城市像素[J]. 建筑学报，2009(8)：98-100.

[73] 董丹申，李宁. 光阴的故事——浙江大学玉泉校区建筑评析[J]. 华中建筑，2003(10)：3-6.

[74] 董丹申，李宁. 追溯前进的脚步——浙江大学建筑设计研究院作品评析[J]. 新建筑，2003(5)：16-18.

[75] 张燕婴. “周监于二代，郁郁乎文哉，吾从周”解[J]. 中国文化研究，2003(2)：147-150.

[76] 高月. 刘向《说苑》研究综述[J]. 湖南社会科学，2013(2)：206-209.

[77] 萧俊明. 文化的语境与渊源——文化概念解读之一[J]. 国外社会科学，1999(3)：16-23.

[78] 萧俊明. 文化的误读——泰勒文化概念和文化科学的重新解读[J]. 国外社会科学，2012(3)：33-46.

[79] 张彬. 民族精神与科学精神相结合的典范——竺可桢的教育思想与实践[J]. 杭州大学学报（哲学社会科学版），1991(3)：105-113.

[80] 李兴韵，张杨旭. 竺可桢教育思想中的“阳明情节”[J]. 宁波大学学报（教育科学版），2020(2)：68-74.

[81] 田正平. “只问是非、不计利害”——从《竺可桢日记》看一位大学校长的精神境界[J]. 高等教育研究，2016(4)：80-86.

[82] 董丹申，潘维贤，李宁. 握中西以求是，得形势而创新[J]. 建筑学报，2003(10)：59-67.

[83] 殷农，陈帆. 遍寻修缮技式，传承校园文脉——浙江大学西溪校区东二楼改造纪实[J]. 华中建筑，2017(2)：83-88.

[84] 马国馨. 创造中国现代建筑文化是中国建筑师的责任[J]. 建筑学报，2002(1)：10-13.

[85] 董丹申，李宁. 大海之润，非一流之归 大厦之成，非一木之才——高校建筑设计研究院的成长与展望[J]. 时代建筑，2004(1)：68-75.

致谢

一

本书得以顺利出版，首先感谢浙江大学平衡建筑研究中心的资助。同时，感谢浙江大学平衡建筑研究中心、浙江大学建筑设计研究院有限公司对建筑设计及其理论深化、人才培养、梯队建构等诸多方面的重视与落实。

二

感谢本书所引用的具体工程实例的所有设计团队成员，正是大家的共同努力，为本书提供了有效的平衡建筑实践案例支撑。

本书中非作者拍摄的照片均标注了摄影师，在此一并感谢。

三

感谢沈济黄、董丹申、殷农、陆激、胡慧峰、楼宇红、王昕洁、李丛笑、丁向东、王健、杨易栋、劳燕青、钱晨、陈钢、吴震陵、王玉平、方华、郭宁、黄廷东、柴晓敏、章嘉琛、张菲、赵黎晨等老师和伙伴对本书相关章节得以完成给予的支持与帮助。平日里朝夕之间讨论设计及其理论深化，梳理本书时，种种感动，总是浮现在心头。

四

感谢中国建筑出版传媒有限公司（中国建筑工业出版社）对本书出版的大力支持。

五

有“平衡建筑”这一学术纽带，必将使我们团队不断地彰显出设计与学术的职业价值。

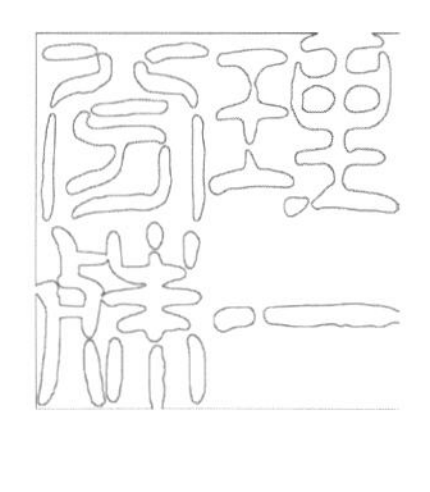